하루
한 도시
컬러링

다음 여행 일정

언제 :

어디로 :

누구와 :

꼭 가볼 곳 :

집에서 즐기는 세계 여행 01

하루 한 도시 컬러링

50

엄지희 지음

두사람

목차

#01

Amsterdam, Netherlands

자유로운 항구 도시

네덜란드 암스테르담

네덜란드의 수도 암스테르담은 바다를 곁에 두고 있는 항구 도시다. 시내를 가로지르는 거대한 운하, 줄지어 서 있는 18세기 건물들이 특유의 분위기를 자랑하는 곳.
아름다운 도시 암스테르담에는 170여 개 국적의 사람들이 모여 자유롭게 살아간다. 소매치기가 많은 다른 유럽 국가와 도시에 비해 치안은 꽤 안전한 편이라 마음 놓고 거리를 활보해도 좋다. 암스테르담을 대표하는 것은 역시 운하다. 거리의 노천 테이블에 앉아 맥주를 마시며 낭만 가득한 시간을 즐기는 사람, 자전거를 타고 운하 주변을 둘러보는 인파로 붐빈다. 세계적으로 유명한 화가 반 고흐와 렘브란트의 출생지가 네덜란드인 만큼 반 고흐 미술관과 암스테르담 국립 미술관을 비롯해, 암스테르담 왕궁, 담 광장 등이 여행자의 필수 코스에 속한다.
놀랍게도 한국에서 불법인 마리화나가 이곳에서는 합법이다. 그래서 거리를 걷다 보면 은근하게 풍기는 대마초 향을 맡을 수 있다.

AMSTERDAM, NETHERLANDS

\#02

Bali, Indonesia

푸른 물결이 일렁이는
휴양지

인도네시아 발리

인도네시아의 수도인 자카르타보다 발리가 훨씬 유명한 관광지라는 사실은 아마 그 누구도 반박하지 못할 것이다. 한국에는 SBS 드라마 〈발리에서 생긴 일〉 덕분에 이름이 알려졌는데, 이미 이곳은 오래전부터 찾는 이들이 많았다. 허니문, 힐링, 휴양, 서핑 등 발리를 수식하는 단어는 매우 다양하다. 에메랄드 빛으로 일렁이는 바다와 고급스러운 풀빌라, 호텔 덕분에 많은 여행자가 이곳에서 휴양을 즐긴다. 일상의 고단함을 잊게 하는 천혜의 자연환경은 여행자의 마음속에 행복감을 가득 채워준다. 발리를 대표하는 꾸따, 누사두아, 사누르 비치에서는 고운 모래 위에 누워 일광욕하는 사람과 파도타기에 여념 없는 서퍼를 실컷 볼 수 있다. 물론 발리에 바다만 있는 건 아니다. 우붓 재래시장, 우거진 정글, 독특하고 아기자기한 마을, 사진 명소로 유명한 사라스와티 사원 등 걸어서 둘러보기 좋은 곳도 많다. 스미냑 스트리트로 가면 개성 넘치는 로컬 숍과 카페, 레스토랑 등 매력 만점 가게들이 즐비하다.

BALI, INDONESIA

#03

Bangkok, Thailand

배낭여행자의 천국

태국 방콕

첫 해외여행 장소로 태국 방콕을 선택하는 여행자가 꽤 많을 정도로, 방콕은 여행 난이도가 낮은 곳이다. 저렴한 물가, 안전한 치안, 풍부한 볼거리 덕분이다. 그래서 방콕은 '배낭여행자의 천국' 혹은 '배낭여행자의 베이스캠프'로 불린다. 그만큼 전 세계에서 온 수많은 여행자가 이곳에 머물며 서로의 여행 정보를 공유한다. 도시 곳곳에서 자기 몸집만큼 거대한 배낭을 메고 돌아다니는 여행자를 쉽게 만날 수 있다. 매년 1,600만 명이 방문하는 관광 도시이니 자유롭고 활기 넘치는 것이 당연지사.

방콕에서 들를 곳은 너무도 많다. 태국 문화와 전통이 숨 쉬는 방콕 왕궁과 왓 포 사원, 다양한 국적의 여행자가 모이는 카오산 로드까지. 때와 장소를 가리지 않고 여행자의 흥분과 설렘이 넘실거리는 방콕. 음식이 맛있기로도 유명한 이곳에서 먹는 재미 또한 빼놓을 수 없다. 우리 입맛에도 잘 맞는 팟타이와 쌀국수, 푸팟퐁커리, 똠얌꿍은 꼭 먹어볼 것. 길거리 가판에서 파는 아이스크림과 과일 주스도 꽤 특별하다.

BANGKOK, THAILAND

#04

Barcelona, Spain

가우디의 도시

스페인 바르셀로나

스페인의 항구 도시인 바르셀로나는 유럽 축구 팬들의 성지인 동시에 세계적으로 유명한 건축가 가우디의 작품을 만날 수 있는 곳이다. 바르셀로나 여행은 카탈루냐 광장에서부터 시작된다. 해안까지 직선으로 이어진 람블라 거리를 따라 걸어가면 좌우로 맛있는 레스토랑과 카페, 숍이 즐비하다. 그 중간중간 옆으로 뻗은 골목은 마치 미로처럼 복잡해서 지도 없이 들어갔다가 길을 잃기 십상. 13~15세기의 건축물이 고스란히 보존된 고딕 지구가 바로 이 골목길에 포함되어 있다. 독특하고 아름다운 가우디 건축물은 시내 곳곳에서 발견된다. 지하철을 이용해도 좋지만 바르셀로나를 제대로 느끼려면 걸어 다니는 게 최고다. 여전히 건축 중인 사그라다 파밀리아 성당과 섬세하고 화려한 모자이크로 꾸며진 구엘 공원, 까사 바뜨요, 까사 밀라 등 눈을 뗄 수 없는 건축물을 만날 수 있다. 해가 지면 하나둘씩 켜지는 조명에 도시는 더욱 빛나고, 세계 3대 분수 쇼 중 하나인 몬주익 마법 분수는 환상적인 저녁 시간을 보내기에 최적이다.

BARCELONA, SPAIN

#05

Berlin, Germany

역사, 문화,
예술의 하모니

독일 베를린

독일을 여행하려면 가장 먼저 베를린부터 들러야 한다. 제2차 세계대전의 전범국이자 분단국가였던 독일의 역사와 예술, 문화까지 단번에 만날 수 있는 도시가 바로 베를린인 까닭이다. 시내 한가운데를 가로지르는 슈프레강, 남성미가 물씬 풍기는 도시 분위기에서 웅장하고 거대한 느낌을 받는다. 베를린의 상징과도 같은 브란덴부르크의 문은 꼭 발 도장을 찍어야 할 곳이다. 분단국가 시절 동베를린과 서베를린을 가르던 검문소 체크포인트 찰리와 베를린 장벽의 흔적을 보며 역사의 한 장면을 마주하는 것도 특별한 의미가 있다. 독일의 오늘날을 만나고 싶다면 포츠담 광장 주변을 둘러보고, 예술에 관심이 깊다면 박물관 섬에 찾아가자. 도시를 대표하는 박물관 5개가 밀집한 섬으로 구 박물관, 신 박물관, 보데 박물관, 페르가몬 박물관, 구 국립 박물관을 한곳에서 만날 수 있어 더욱 유익하다. 특히, 주말에는 대중교통이 24시간 운영되므로 베를린의 밤 문화를 즐기고 싶다면 여행 일정에 주말을 꼭 끼워넣자.

BERLIN, GERMANY

#06

Bern, Switzerland

곰과 분수의 도시

스위스 베른

스위스의 수도인 베른은 의외로 여행자들이 많이 찾는 곳은 아니다. 취리히나 루체른에 비하면 여행지로서의 명성은 적은 편. 그러나 베른을 방문한 여행자라면 이곳만의 맑은 매력에 금세 빠질 것이다. 여행자들이 가장 많이 찾는 구시가지가 유네스코 세계 문화유산으로 지정된 것도 바로 그 이유에서다. 유럽에서 가장 긴 석조 아케이드를 따라 걸으며 구시가지가 품은 가치를 몸소 새길 수 있다. 구시가지의 메인이라고 볼 수 있는 슈피털 거리에선 사람들 대부분이 한 시계탑 앞에 서 있다.

베른의 랜드마크와 다름없는 이 시계탑은 황금색 시침과 초침으로 이루어졌고 시간에 맞춰 곰과 광대가 나와 춤을 춘다. 분수의 도시라고도 불리는 베른답게 분수 11개가 슈피털 거리에 늘어서 있는데, 전부 16세기풍이며 역사적으로도 가치가 뛰어나다. 이 밖에 곰 공원, 베른 대성당, 뉘데크 다리도 놓쳐서는 안 될 곳이다. 초록빛이 일렁이는 자연 속 베른을 한눈에 담을 수 있다.

BERN, SWITZERLAND

#07

Brugge, Belgium

서유럽의 베네치아

벨기에 브루게

물의 도시인 브루게는 크고 작은 운하가 도시 곳곳에 뻗어 있는 곳이다. '서유럽의 베네치아'라는 별칭에 걸맞게 동화처럼 아기자기한 곳이기도 하다. 또한 도시 전체는 유네스코가 지정한 세계 문화유산이다. 그저 종횡으로 이어지는 운하를 따라 걷거나 크루즈를 타고 도시를 둘러보는 것만으로도 이곳의 아름다움에 사로잡힌다. 도시의 건물 대부분이 중세 시대에 지어졌는데 그 분위기가 매우 색다르다. 역사적 가치를 인정받은 건물이 많아 말 그대로 천장 없는 박물관이나 다름없다.

여행은 마르크트 광장에서부터 시작하는 것이 좋다. 발길 닿는 대로 걷다 보면 구세주 대성당, 그뢰닝게 미술관, 성모 마리아 교회 등을 만나게 된다. 맛 좋기로 소문난 벨기에 맥주를 마시며 운하 근처를 산책하고, 맛있는 디저트 가게를 찾아보는 건 어떨까. 브루게는 진한 초콜릿 맛으로도 유명하기 때문이다. 초콜릿 장인이 만든 디저트를 맛보며 달콤한 시간을 보내는 것도 이곳을 즐기는 특별한 방법이다.

BRUGGE, BELGIUM

#08

Cambridge, UK

고풍스러운
대학 도시

영국 케임브리지

영국의 대학 도시라 하면 옥스퍼드를 가장 먼저 떠올리겠지만 그와 견줄 곳이 또 하나 있다. 바로 케임브리지다. 케임브리지는 그다지 유명한 여행지는 아니지만, 대학 도시가 가져야 할 오랜 역사와 전통을 자랑한다. 도시 규모가 작다고 해서 실망할 필요는 없다. 마치 성처럼 웅장한 중세풍 대학 건물과 푸른 녹지가 어우러져 가볍게 둘러보기만 해도 이곳이 지닌 기품을 느낄 수 있으니까.

시내 한가운데에는 캠강이 흐르고, 킹스 퍼레이드 거리와 트리니티 거리를 따라 걸어가면 트리니티 칼리지, 킹스 칼리지, 퀸스 칼리지 등 수십 개의 대학 건물을 만날 수 있다. 그중에서도 퀸스 칼리지가 아름다운 건물로 단연 유명하다. 물론 대학 건물이 아니더라도 피츠윌리엄 박물관과 뾰족한 지붕에 둥근 건물 외벽의 라운드 교회 등 둘러볼 만한 곳이 더러 있다. 런던에서 당일치기로 여행하기에 충분하며, 북적이는 관광객을 피해 여유를 즐기고 싶다면 꼭 들러야 할 도시다.

CAMBRIDGE, UK

#09

Chengdu, China

매운 음식의 천국

중국 청두

청두 하면 음식 이야기를 빼놓을 수 없다. 중국 4대 요리 중 하나인 사천요리를 즐기기에 청두만큼 완벽한 곳도 없기 때문. 물론 청두에는 먹거리 외에 볼 만한 관광 명소도 많다. 중국의 국보인 판다를 만날 수 있는 사천 판다 보육기지가 바로 이곳에 있다. 새끼부터 성체까지, 귀한 동물을 눈앞에서 볼 수 있어 특별하다.

또한 사천 음식의 역사를 되짚어가는 사천요리 박물관, 유네스코 세계 문화유산으로 지정된 도강언과 과거 촉나라 시대를 재현해놓은 진리 거리 등, 알면 알수록 숨겨진 매력이 가득하다. 특히 진리 거리는 중국의 전통 건물이 직선으로 이어져 깔끔하며 기념품 숍과 카페, 레스토랑 등이 많다. 한국에서도 유명한 훠궈와 마파두부, 중국식 족발과 우육면 등 다양한 요리도 맛볼 수 있다. 얼얼한 산초의 매운맛이 익숙하지 않다면 다른 즐길거리를 찾아봐도 좋다. 청두의 천극, 고개를 돌릴 때마다 가면이 바뀌는 변극은 언제나 만석이다.

CHENGDU, CHINA

#10

Copenhagen, Denmark

북유럽에서 손꼽히는
청정 도시

덴마크 코펜하겐

코펜하겐은 북유럽 도시 가운데에서 특히나 아름다운 도시다. 발트해와 맞닿아 있는 이곳은 녹지와 역사적으로 훌륭한 건축물이 많다. 깨끗한 거리, 푸른 바다와 초록빛 자연, 맑은 공기가 어우러져 북유럽에 와 있단 사실을 실감케 한다.

코펜하겐에서 가장 유명한 곳은 니하운 항구다. 과거 이곳까지 배를 타고 들어온 선원들이 술을 마시던 펍, 야외 테라스가 멋진 카페, 노천 레스토랑이 가득하다. 물가 앞에 줄지어 선 색색의 건물들은 마치 엽서 속에서 갓 튀어나온 듯 아름답다. 오래된 건물을 개조한 상점들이 많은 스트뢰에 거리에서 쇼핑을 즐기고, 거리의 예술가들을 만나보면 어떨까.

유럽에서 가장 오래된 전망대인 코펜하겐 라운드 타워에 오르면 탁 트인 도시 전경을 감상할 수 있다. 네덜란드 르네상스 양식이 웅장한 로센보르 궁전, 대리석 교회라는 별명을 가진 프레데릭 교회도 꼭 방문해보자.

COPENHAGEN, DENMARK

#11

Da Nang, Vietnam

저렴한 물가와
풍성한 볼거리

베트남 다낭

한국인이 사랑하는 여행지 베트남 다낭. 다낭을 찾는 여행자가 크게 늘면서 이곳에도 럭셔리 리조트와 풀빌라, 호텔들이 자리 잡기 시작했다. 저렴한 물가 덕분에 관광과 휴식, 그리고 맛있는 식사까지 한번에 가능한 다낭은 남녀노소 누구에게나 완벽한 여행지다. 고급스러운 풀빌라에서 느긋하게 힐링을 하거나 세계 10대 비치 중 하나인 미케 비치를 천천히 거닐며 여유를 가져도 좋다. 시장에서 라탄 가방이나 커피 등 기념품을 고르며 흥정하는 일도 즐거운 경험이 될 것이다.

다낭과 30분 거리에 있는 호이안 올드타운도 꼭 방문하자. 유네스코 세계 문화유산으로 지정된 곳으로 노란색 외벽에 붉은 지붕, 밤이면 하나둘씩 켜지는 색색의 등불이 굉장히 아름답다. 저렴하고 맛있기로 소문난 베트남 음식과 함께 식도락을 즐겨도 좋다. 달달하고 시원한 코코넛 커피, 쌀국수, 분짜, 러우까우, 화이트로즈 만두 등 맛있는 음식 덕분에 다낭 여행에서는 한시도 배가 꺼질 겨를이 없다.

DA NANG, VIETNAM

#12

Delhi, India

인도의 과거와 현재

인도 델리

델리는 갠지스강의 지류인 야무나강 서쪽에 있으며 크게 올드델리와 뉴델리로 나뉜다. 북쪽에 자리한 올드델리는 전통이 깃든 건물과 복잡하고 너저분한 분위기가 특징인 곳. 델리에서 인도의 분위기를 제대로 느끼고 싶다면 올드델리가 정답이다. 반면 뉴델리는 이름에서 알 수 있듯 신시가지이며 경제와 정치의 중심지다. 지하철을 운행해 이동이 편리한 도시지만 인파로 늘 북적이므로 소지품을 조심해야 한다. 인도의 치안은 그리 안전하지 못하기 때문. 그러나 인도의 과거와 현재의 매력을 모두 품은 이 도시는 둘러볼 만한 곳이 매우 많다.

전쟁 희생자를 기리기 위해 만든 새하얀 인디아 게이트는 멀리서도 한눈에 보이고, 화려하고 독특한 물건을 판매하는 전통 시장 딜리 하트는 쉽게 지갑을 열게 한다. 붉은 벽돌로 지어진 레드 포트, 평화를 부르짖던 간디의 화장터 라지가트, 인도에서 가장 큰 모스크인 자마 마스지드, 황금빛 연꽃처럼 우아한 연꽃사원까지. 델리의 매력은 끝이 없다.

DELHI, INDIA

#13

Doha, Qatar

사막 한가운데의
오아시스

카타르 도하

카타르의 수도 도하는 여행을 목적으로 오는 사람보다 잠시 스쳐 가는 이들이 더 많다. 유럽, 몰디브 등으로 갈 때 이곳을 경유하기 때문이다. 그러나 도하는 그냥 지나치기엔 신비한 매력이 가득한 곳이다. 도시는 크고 작은 현대적 빌딩들과, 이슬람 문화를 반영한 건축물로 이루어져 있다. 아라비아반도 특유의 분위기를 느끼고 싶다면 수크 와키프 전통 시장을 추천한다. 낮에는 뜨거운 햇빛 때문에 활동이 힘드므로 밤에 찾는 것이 좋다. 양탄자, 액세서리, 각종 기념품 외에도 독특한 물건을 많이 팔고 있어 구경하는 재미가 있다. 이슬람 문화를 만날 수 있는 이슬람 예술 박물관은 건물 외형이 무척 독특하고 아름답다. 도하는 특이한 정취가 물씬 풍기는 거리를 걷고 바다와 인접한 미아파크에서 사막의 분위기를 느끼며 느긋한 여행을 즐기기에 좋은 도시다. 사막과 바다가 어우러져 만드는 색다른 분위기가 여행자에게 신선한 설렘으로 다가오는 이곳에서 대추야자는 꼭 맛보길. 달달해서 간식으로 딱이다.

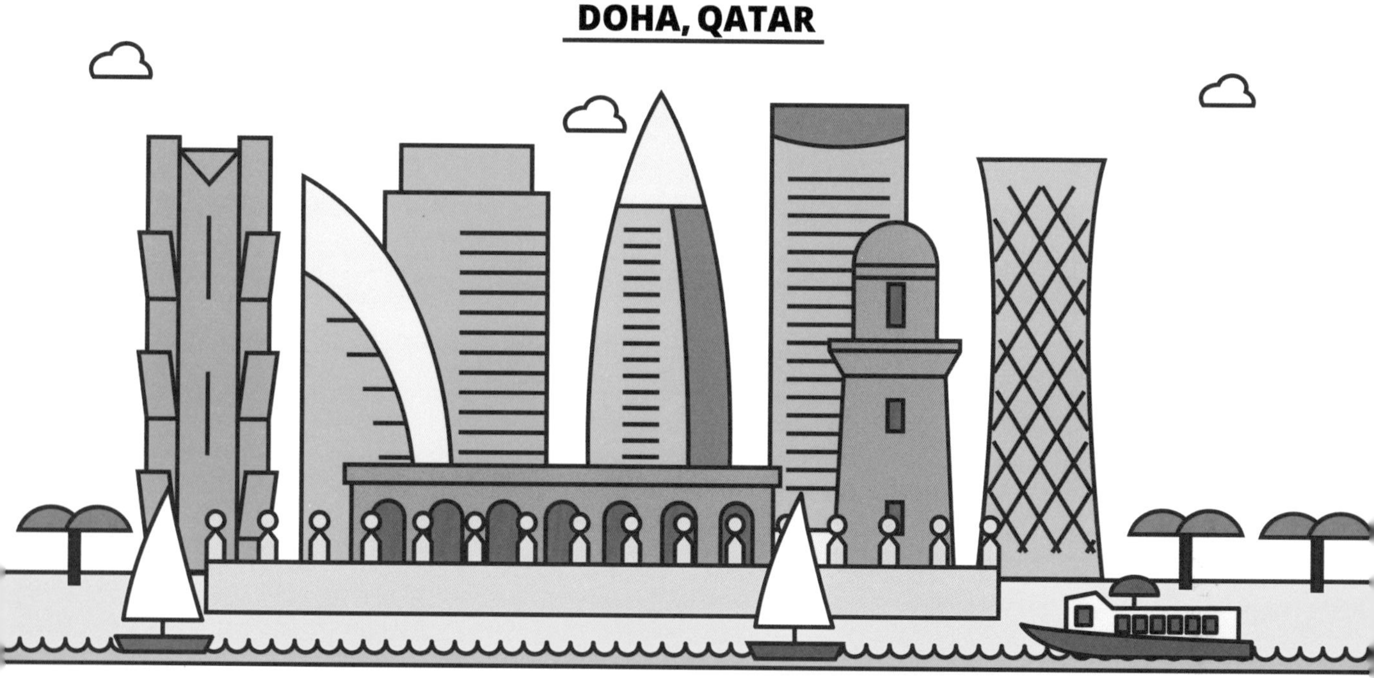
DOHA, QATAR

#14

Dublin, Ireland

문화, 맥주,
음악의 도시

아일랜드 더블린

아일랜드의 수도 더블린 하면 떠오르는 영화가 있으니, 바로 〈원스〉다. 길거리에서 버스킹을 하던 한 남자의 이야기. 그 영화의 배경지가 바로 더블린이기 때문이다. 그래서인지 도시를 돌아다니다 보면 영화 음악이 비지엠처럼 깔리는 기분이다. 음악의 도시답게 길을 걷다 보면 버스킹을 즐기는 거리의 음악가를 쉽사리 만날 수 있다. 버스킹의 성지와 같은 그래프턴 스트리트에서 음악을 들으며 좌우로 선 건물들이 주는 유럽 감성을 만끽해보자.

또한 더블린은 사뮈엘 베케트, 제임스 조이스 등 세계적인 대문호를 배출했으며 유네스코에서 선정한 문학의 도시다.

트리니티 칼리지의 롱룸은 영화 〈해리 포터〉 시리즈에도 나온 도서관인데 천장까지 높게 뻗은 책장과 가득 꽂힌 책이 인상적이다.

더블린에서는 흑맥주를 마시는 사람들을 쉽게 볼 수 있다. 평소 맥주를 사랑한다면 기네스 스토어 하우스를 꼭 방문하자.

DUBLIN, IRELAND

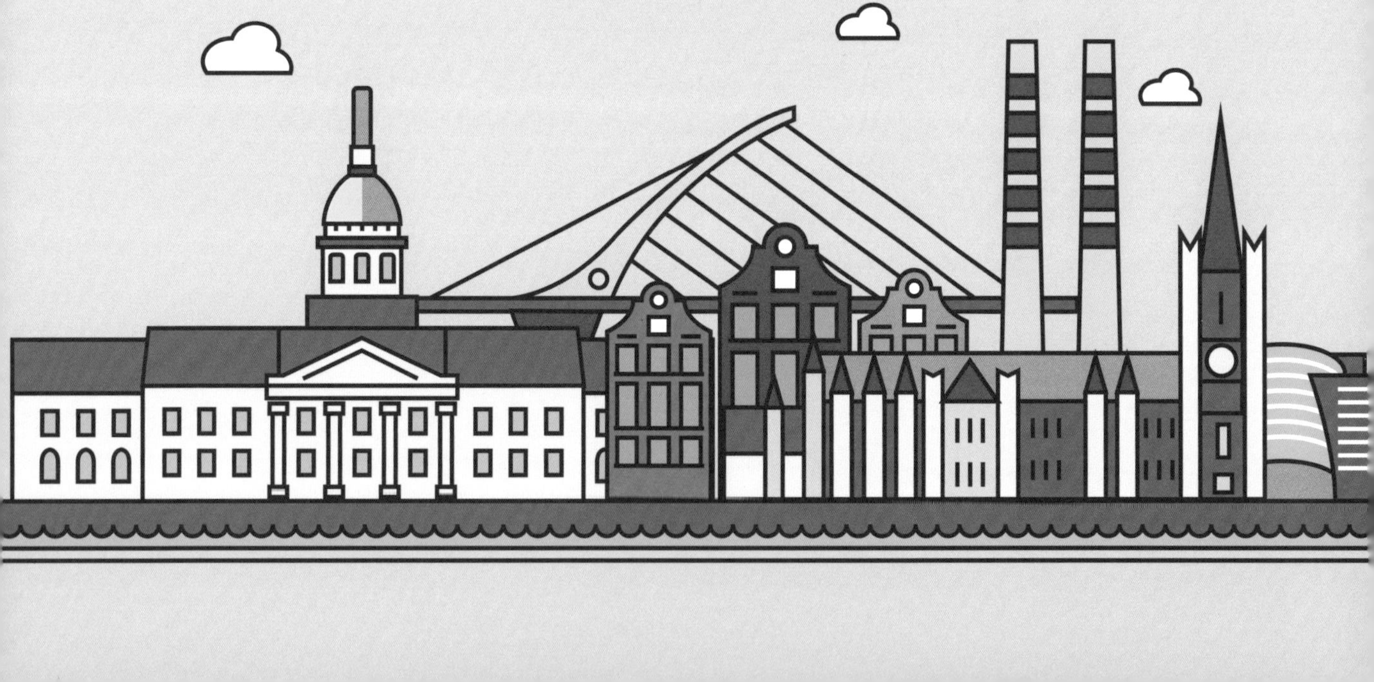

#15

Dubrovnik, Croatia

성벽 안 로맨틱한
휴양지

크로아티아 두브로브니크

두브로브니크는 아드리아해의 진주라는 별명이 결코 과하지 않게 느껴지는 곳. 여행 예능 프로그램 덕분에 유명해졌지만 이미 유럽인들 사이에서는 휴양지로 인기 있던 항구 도시다. 카페, 레스토랑, 펍, 기념품 숍 등 매력적인 여행지가 갖춰야 할 모든 것이 다 있다. 반들반들한 대리석 바닥이 햇빛에 반짝이고, 성벽 위로 올라가면 붉은색 지붕이 늘어서 있는 구시가지와 파란 바다의 환상적인 풍경을 볼 수 있다.

플라차대로 주변으로 크고 작은 골목길이 이어지는데, 미로처럼 구불구불한 골목마다 따듯한 분위기가 맴돈다. 성벽 근처에 터를 잡고 사는 현지인의 생활과, 바다 절벽에서 겁 없이 다이빙하는 사람들을 보노라면 시간 가는 줄 모른다.

상큼한 자몽, 레몬 맥주를 마시며 가만히 아드리아해를 감상하는 시간도 꼭 필요하다. 많은 여행자가 찾는 도시지만 북적이거나 정신없기보다는 아늑하고 따듯한 느낌이 강한 도시다.

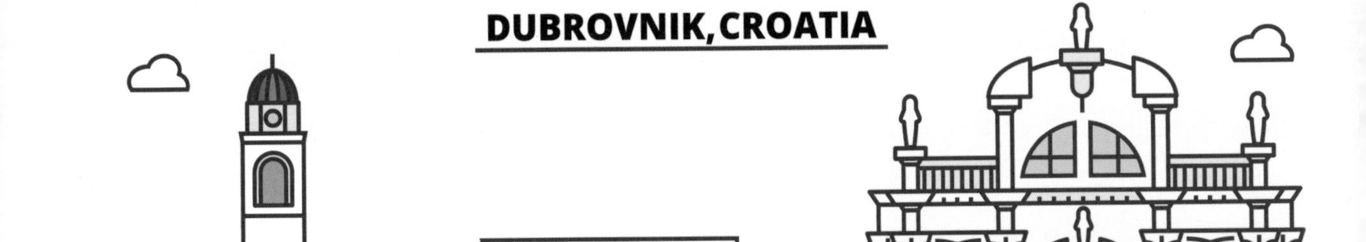
DUBROVNIK, CROATIA

#16

Edinburgh, UK

해리 포터의 도시

영국 스코틀랜드 에든버러

에든버러에 들어서면 어디선가 마법사가 나와 '윙가르디움 레비오우사'를 외치며 지팡이를 휘두를 것만 같다. 《해리 포터》 시리즈에 영감을 준 도시가 바로 스코틀랜드의 수도 에든버러다. 중세와 근대를 넘나드는 분위기에 젖은 이 도시는 고풍스러운 느낌을 선사한다. 직선으로 이어진 로열마일 거리 주변으로 좁은 골목길이 미로처럼 뻗어 있는데, 무턱대고 걷다가 길을 잃을지도 모른다. 에든버러 성을 시작으로 도시를 돌아보자.

스코틀랜드 출신 작가 스콧을 기념하기 위한 탑은 도시 어디에서나 볼 수 있을 만큼 높고 뾰족하다. 시내를 조망하고 싶다면 칼튼 힐로 오르면 된다. 조앤 K. 롤링이 《해리 포터》 시리즈를 집필한 곳으로 유명한 카페 엘리펀트 하우스도 여행 명소로 자리 잡았다. 소설 속 인물의 이름을 딴 무덤도 카페 건물 바로 뒤에 있으니 함께 둘러봐도 좋다. 하늘이 늘 흐려 자칫 우중충한 도시로 느껴질 수 있지만 역사, 예술, 문화가 한데 어우러진 근사한 곳이다.

EDINBURGH, UK

#17

Firenze, Italy

아름답게 핀
르네상스의 꽃

이탈리아 피렌체

이탈리아 르네상스 문화의 흔적이 고스란히 남아 있는 이 아름다운 도시는 두 발로 뚜벅뚜벅 걸어서 둘러보아야만 한다. 아르노강이 시내 중앙을 가로지르며, 상점 건물이 다닥다닥 붙어 있는 독특한 외관의 베키오 다리는 언제나 많은 사람으로 붐빈다. 회백색 외벽이 고풍스러운 두오모 성당은 은은한 분위기로 사람들을 매료시킨다. 성당 꼭대기에 오르면 붉은색 지붕이 끝도 없이 펼쳐져 가슴을 벅차게 만든다.

다양한 제품을 저렴하게 구매할 수 있는 가죽 시장에 가보거나, 100년 넘는 전통을 자랑하는 카페 질리에서 티라미수와 에스프레소를 맛보자. 보티첼리의 그림을 볼 수 있는 우피치 미술관도 놓쳐선 안 될 안 되며, 시뇨리아 광장의 다비드상 앞에서 사진을 찍는 일도 잊지 말아야 한다. 소매치기와 집시들이 곳곳에 있지만, 이탈리아의 다른 도시에 비하면 치안이 좋은 편. 낮에는 여행자로 가득한 도시의 활기찬 분위기를, 밤에는 미켈란젤로 광장에서 불이 켜진 도시를 즐겨보자.

FIRENZE, ITALY

#18

Frankfurt, Germany

맥주와 소시지라는
꿀조합

독일 프랑크푸르트

유럽의 금융 도시로 알려진 프랑크푸르트. 마인강이 흐르는 시내 광장에선 사람들이 앉아 맥주를 마신다. 언뜻 보면 빌딩 숲을 이룬 듯 보이지만 구시가지는 옛 모습을 잘 간직한 채다.
프랑크푸르트 여행은 랜드마크 뢰머 광장에서 시작해보자. 15, 16세기에 지어진 그림 같은 목조 건물이 둘러싸고 있으며 신선한 맥주를 파는 펍, 카페, 레스토랑이 가득하다.

고딕 양식의 모습을 잘 간직한 프랑크푸르트 대성당의 웅장한 모습은 보는 이를 압도하고, 바로 앞 마인강을 따라 조성된 산책로엔 사람들이 항상 붐빈다.
강 건너편 작센하우젠 지구로 들어서면 아기자기한 분위기의 건물이 주를 이룬다. 근처에는 박물관 9개가 모여 있는 박물관 거리도 있다.
맥주에 프랑크푸르트 소시지를 먹으며 하루를 마무리하는 것만으로도 여행은 충분히 즐거울 것이다.

FRANKFURT, GERMANY

#19

Glasgow, UK

아르누보
디자인의 도시

영국 스코틀랜드 글래스고

에든버러와 반대쪽에 있는 항구 도시. 영국에서 네 번째로 큰 규모이며 물가가 다른 지역에 비해 저렴하다. 꽤 밝고 활기찬 도시이며 건물 모양새가 단정하고 깔끔하다.

유명 관광지는 아니지만, 글래스고의 매력을 돋보이게 하는 인물쯤은 알아두도록 하자. 바로 이곳 출신 유명 디자이너 찰스 레니 매킨토시다. 아르누보 스타일의 디자인을 처음 시작한 그의 작품은 도시 곳곳에서 만날 수 있다. 직선의 아름다움을 표현한 건축물과 가구, 인테리어 등 다양하다. 공중에 떠 있는 현관문으로 유명한 매킨토시 하우스, 시내 전경을 파노라마처럼 감상할 수 있는 라이트 하우스와 캘빈그로브 아트 갤러리 앤드 뮤지엄 등, 디자인에 관심이 없는 사람도 흥미로운 시간을 보내게 될 것이다.

경제학의 아버지 애덤 스미스가 공부한 글래스고 대학 주변과, 마치 성처럼 화려한 외관을 자랑하는 시청 내부를 둘러보는 시간도 가져보자.

GLASGOW, UK

20

Havana, Cuba

알록달록
총천연색 도시

쿠바 아바나

쿠바의 영웅 체 게바라의 얼굴이 도시 곳곳에 그려져 있는 쿠바의 수도. 남미의 매력이 가득한 아바나는 혁명가 체 게바라와 세계적 대문호 헤밍웨이 덕분에 유명해졌다고 해도 과언이 아니다.

시선을 빼앗는 거리의 올드카, 다채로운 색감의 건물이 도시를 채우고 있다. 4, 50년 전 미국 도시 느낌이 물씬 풍기는 곳이라 언제 어디서나 감각적인 인생 사진을 찍을 수 있다. 아바나 현지인은 밝고 활기차며 친절하다.

여행자와 현지인 모두 즐겨 찾는 오비스포 거리에는 옛 양식의 건물과 현대적 분위기가 조화를 이룬다. 또한 쿠바의 독립을 위해 끝없는 투쟁을 벌인 혁명 광장, 옛 국회 의사당도 꼭 들러야 할 곳.

헤밍웨이가 《누구를 위하여 종은 울리나》를 썼던 암보스문도스 호텔의 511호실은 이제 객실이 아닌 헤밍웨이 박물관이 되었다. 부에나 비스타 소셜 클럽의 음악을 들으며 생기 넘치는 쿠바 여행을 즐겨보면 어떨까.

HAVANA, CUBA

#21

Helsinki, Finland

가장 현대적인 도시

핀란드 헬싱키

물가가 비싼 북유럽은 여행자로 북적이는 일이 드물다. 특히나 핀란드의 수도 헬싱키는 여행자 대부분이 스탑오버로 잠깐 들렀다 가곤 한다. 하지만 헬싱키는 북유럽 특유의 감성이 넘치고 현대적인 분위기가 매력적인 곳이다. 짙고 푸른 발트해를 마주 보고 있는 이곳은 아름다운 자연으로 둘러싸여 있으며, 핀란드식 사우나를 즐기며 이색적인 경험을 할 수 있다. 뜨거운 돌에 물을 끼얹으면 나오는 따뜻한 수증기로 사우나를 한 후, 그대로 차가운 호수에 첨벙 뛰어드는 것. 바다를 보며 사우나를 즐기고 난 뒤에는 소시지와 맥주를 마셔보자.

디자인 디스트릭트에 가면 핀란드의 국민 브랜드인 마리메꼬와 아르텍 등 개성 넘치는 상점에서 쇼핑을 즐길 수 있다. 항구에 있는 파우카 광장에서는 채소, 과일, 생선 등을 파는데 활기차게 하루를 시작하는 헬싱키 사람들을 만날 수 있다. 연어 수프와 연어 스테이크, 송어 튀김 등 핀란드 전통 음식을 맛보는 것도 특별한 경험이 될 것이다.

HELSINKI, FINLAND

#22

Hong Kong

밤이 화려한 도시

홍콩

다닥다닥 붙어 솟은 건물들, 화려한 간판과 트램, 휘황찬란 쇼핑센터와 반짝이는 야경. 홍콩 하면 으레 떠오르는 것들이다. 그중 홍콩의 야경은 특히나 유명한데, 이를 보기 위해 여행자들은 빅토리아 파크의 전망대에 오른다. 워낙 많은 인파가 몰려서 1시간 정도는 기다려야 하지만 그만큼 환상적이다. 홍콩은 크게 홍콩섬과 주룽반도로 나뉜다. 두 지역 사이의 항을 빅토리아 하버라고 하는데 지하철과 버스, 페리를 이용해 오갈 수 있다. 주룽반도에는 200여 개의 브랜드가 입점한 하버 시티 쇼핑몰, 짝퉁 명품 가방과 지갑을 파는 몽콕 야시장 등이 있다. 홍콩섬에서는 운행한 지 100년이 넘은 트램을 타고서 주요 관광지를 둘러볼 수 있다. 오밀조밀하게 붙어 선 건물, 좁은 골목에서 오래된 분위기가 물씬 풍긴다. 소호 거리, 스타의 거리에서 감각적인 숍, 카페, 레스토랑을 만날 수 있고 세계에서 가장 긴 미드 레벨 에스컬레이터도 탈 수 있다. 밤에는 란콰이퐁에서 맥주를 마시며 하루를 마무리하는 것을 추천한다.

HONG KONG

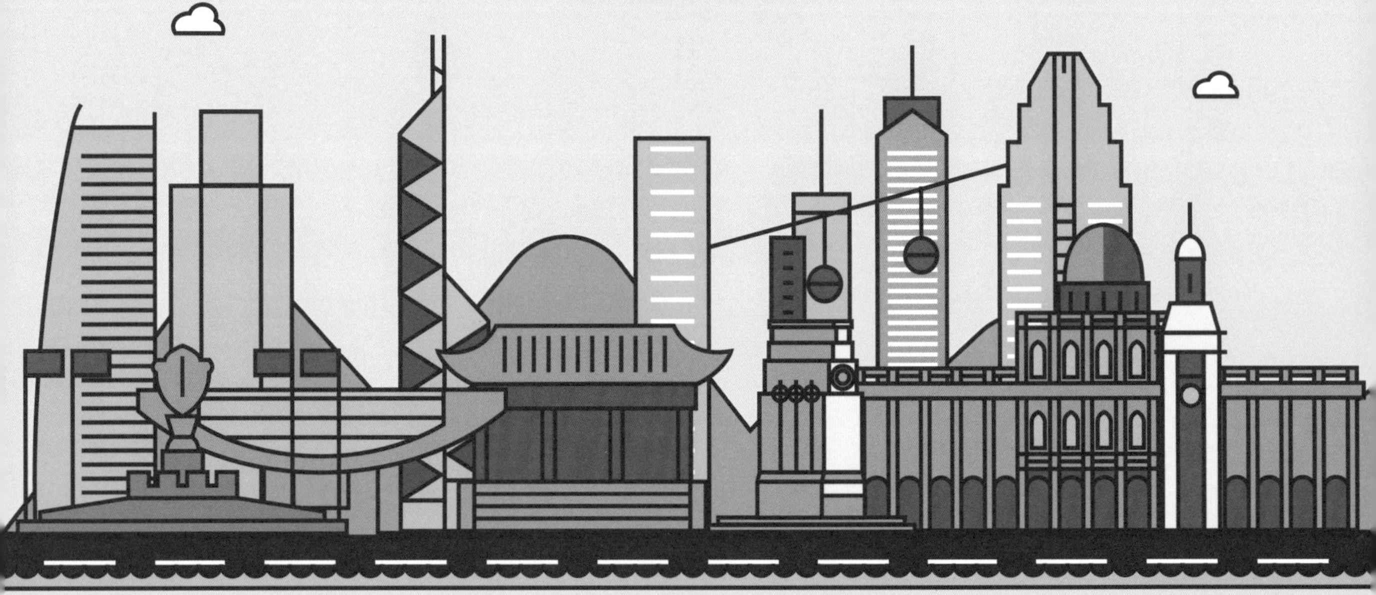

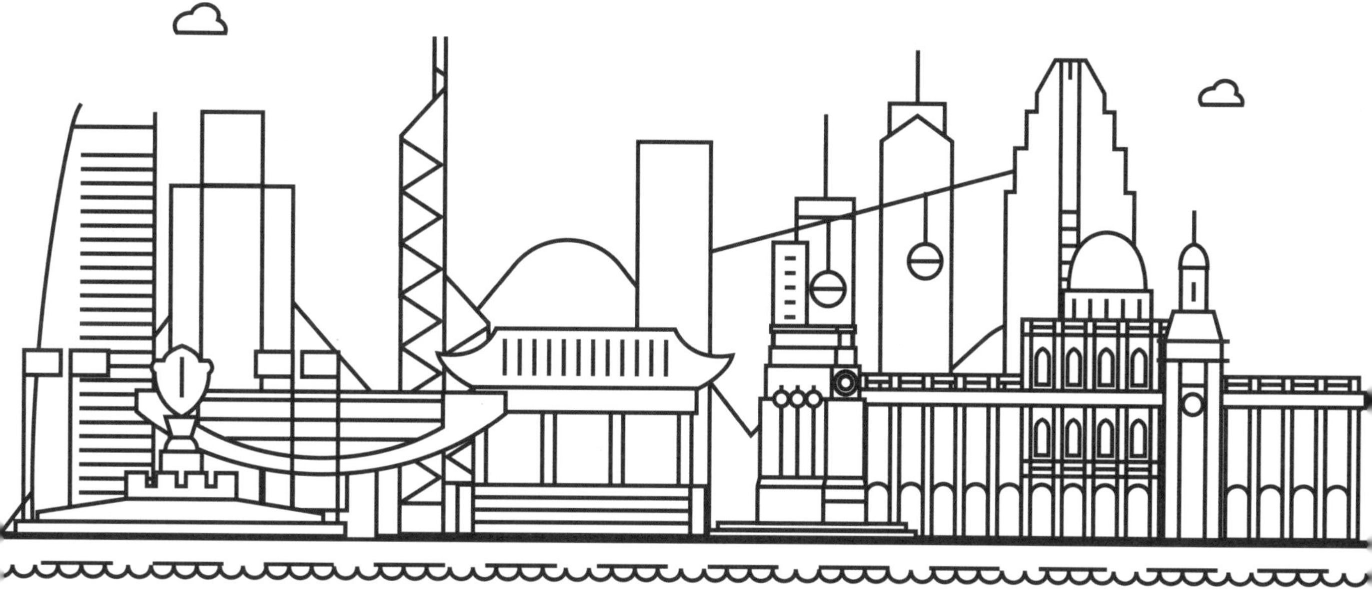

#23

Kyoto, Japan

천년 역사를
간직한 곳

일본 교토

한국인 여행자들이 많이 찾는 일본 여행지 중 한 곳. 일본의 옛 수도였던 이곳은 헤이안 시대의 문화와 역사가 도시 곳곳에 고스란히 남아 있다. 천년 고도라는 명성에 걸맞게 교토에는 일본 특유의 감성과 분위기가 더해진 전통 명소가 가득하다. 도시 안에 유네스코 세계 문화유산이 무려 17개나 있을 정도.

또한 교토는 봄에는 벚꽃이 흐드러지고 가을에는 붉은 단풍이 타오르는 도시다. 아름다운 자연과 일본 전통 건축 미를 함께 감상하기엔 봄과 가을이 최적의 여행 시기다. 특히 청수사와 금각사, 옛 교토 가옥이 일렬로 이어진 산넨자카 거리는 현지인과 여행자가 뒤섞여 인산인해다. 후시미 이나리 신사는 푸른 숲과 대조되는 신사의 붉은 색감 덕분에 신비로운 분위기가 넘실거린다.

일본의 맛있는 음식을 먹는 것 또한 잊지 말아야 할 필수 코스인데, 니시키 시장에 가면 모든 것이 해결된다. 현지인들의 일상생활도 엿볼 수 있어 그야말로 일석이조.

KYOTO, JAPAN

#24

Lima, Peru

남미의 낭만

페루 리마

스페인 식민지였던 리마는 언제나 세계에서 몰린 여행자로 북적인다. 도시는 크게 구시가지인 리마 디스트릭트와 신시가지인 미라플로레스로 나뉜다.
구시가지는 옛 스페인 시절의 건물이 많이 남아 있으며 선명한 노란색 건물로 둘러싸인 아르마스 광장에는 대성당, 대통령 궁 등이 있어 특유의 분위기를 만든다. 리마 대성당은 조명이 켜지는 밤에 더욱 아름답다. 아르마스 광장에서 산마르틴 광장까지 이어지는 라 우니온 거리에는 레스토랑, 카페, 펍, 상점이 줄을 잇고 있다.
미라플로레스는 현대적인 분위기로 구시가지와 건물부터가 다르다. 중심부에 있는 케네디 공원은 언제나 인파로 북적이고, 바다와 맞닿아 있는 플라야 와이키키 해변에선 서핑과 일광욕을 즐기는 젊은이들을 자주 볼 수 있다. 해안 절벽에 위치한 라르꼬마르 쇼핑몰에서 온종일 쇼핑만 해도 즐겁다. 이외에도 고대 유적인 우아카 푸크야나에서 피라미드의 흔적도 눈에 담아보자.

LIMA, PERU

#25

Lisbon, Portugal

유럽의 땅끝

포르투갈 리스본

포르투갈의 수도이자 유럽의 땅끝. 리스본은 크게 바이샤 지구, 바이로 알투 지구, 알파마 구시가지와 벨렘 지구로 나뉜다. 특히 알파마와 벨렘 지구에 많은 여행자가 몰리는데, 그만큼 볼거리와 역사가 다양하다는 뜻. 알파마 지구는 구불구불한 골목과 언덕이 많고 길이 복잡하지만 옛 건물과 사람 사는 풍경을 보며 걷는 시간마저 즐거운 곳이다. 개선문에서 직선으로 이어진 아우구스타 거리는 특유의 무늬가 있는 바닥과 노란색 건물, 노천 카페 등이 있고 언제나 활기차다. 리스본 대성당도 꼭 보아야 한다. 성당 앞으로 리스본의 상징인 28번 노란색 트램이 지나가는 모습은, 마치 엽서의 한 장면 같다. 상 조르제 성당, 산타 후스타 엘리베이터도 필수 관광지. 리스본 시내에서 조금 멀지만 반짝이는 바다와 인접한 벨렘 지구에는 제로니무스 수도원, 벨렘 탑이 있다. 특히 제로니무스 수도원에서는 달달하고 부드러운 에그타르트를 꼭 맛보자. 나라와 도시의 규모는 작지만 며칠을 머물러도 지루하지 않은 도시다.

LISBON, PORTUGAL

#26

Ljubljana, Slovenia

사랑스러움이
넘치는 곳

슬로베니아 류블랴나

파스텔 톤 건물이 아기자기한 매력을 발산하는 류블랴나는 아는 사람들만 아는 도시다. 이름은 '사랑하다'라는 슬라브어에서 유래되었는데, 이곳을 여행하면 정말 사랑에 빠질 수밖에 없다.

도시를 상징하는 동물 '용'은 드래곤 브리지, 시청 건물 꼭대기, 도시의 문장, 기념품 상점 등 어디서나 볼 수 있다. 프레셰렌 광장에서부터 걸어서 구시가지로 갈 수 있는데, 그중 올드타운이라 불리는 거리가 있다. 자갈이 붙은 길 좌우로 중세 때 지은 건물이 빼곡하게 늘어서 마치 동화 속 나라에 온 듯한 감상에 젖게 된다.

류블랴니차강 주변의 노천 카페에서 커피를 마시거나, 900년 동안 제자리를 지키고 있는 류블랴나 성에서 시내를 한눈에 내려다보고, 각기 다른 다리가 붙어서 하나의 다리를 이룬 트리플 브리지에서 멋진 사진을 남기는 것도 잊지 말자. 물가가 비교적 저렴하고 유럽 특유의 풍경을 만날 수 있으니 더없이 사랑스러운 도시임이 틀림없다.

LJUBLJANA, SLOVENIA

#27

London, UK

여왕의 도시

영국 런던

여왕의 나라 영국. 그곳의 수도인 런던은 늘 흐린 날씨 때문에 우산이 필수. 한여름엔 그나마 화창하지만 보통은 언제 비가 와도 어색하지 않을 만큼 우중충하다. 대중교통이 발달해 자유 여행을 하기에 편한데, 그래서일까. 런던 하면 붉은 2층 버스를 연상하게 된다.

멋스러운 전화박스, 해리 포터가 호그와트행 급행열차를 탔던 역 킹스크로스, 빅 벤, 타워 브리지 등도 여행자가 사랑하는 곳. 여기에 엘리자베스 여왕과 근위병, 맥주, 피쉬 앤드 칩스도 빼놓을 수 없는 런던의 명물이다.

무료로 입장 가능한 런던 국립 미술관은 꼭 가야 하며 테이트 모던, 영국 박물관, 웨스트민스터 사원도 시간을 내 방문하자.

영화 촬영지로 유명한 노팅힐을 주인공처럼 걸어보고, 피카딜리에서 쇼핑을 하거나, 포토벨로 로드 마켓에서 골동품을 구경해도 좋다. 또 퀸즈 파크와 하이드 파크 산책까지 하다 보면 빠르게 흐르는 시간이 야속할 정도다.

LONDON, UK

#28

Manila, Philippines

스페인의 흔적이
남은 도시

필리핀 마닐라

필리핀의 수도인 마닐라는 주목받는 명소는 아니다. 휴양 리조트나 해수욕장이 충분치 않기 때문. 그러나 휴양지가 아닌, 관광지로서의 마닐라는 충분히 매력적이다. 도시 규모가 크고 세부, 보라카이, 보홀보다 더 현대적이기 때문이다. 또 마닐라에는 스페인 식민지 시절의 흔적이 고스란히 남아 있다. 특히 스페인 정복자들이 거주했던 인트라무로스는 성곽 안쪽에서 있는 건물 대부분이 유럽풍 건축 양식으로 지어졌다. 울퉁불퉁한 바닥부터 성당까지 이곳이 필리핀인지 유럽인지 헷갈릴 정도. 이곳에는 필리핀에서 가장 오래된 대성당도 있는데, 지진과 전쟁의 피해를 보지 않았다고 해서 기적의 성당이라고도 불린다. 웅장하고 멋스러운 건물 뒤편으로 보이는 빈민가가 아이러니하다.

스페인 총독이 머물렀던 산티아고 요새, 서울의 한강공원 같은 마닐라만, 시민들의 나들이 장소인 타가이타이 화산 등 의외로 볼거리가 많다. 타 지역에 비해 치안이 좋은 편이지만 언제나 조심하자.

MANILA, PHILIPPINES

#29

Mumbai, India

유럽의 숨결이
닿은 인도

인도 뭄바이

포르투갈령이자 영국의 식민지였던 인도의 뭄바이는 꿈의 도시라 불린다.
인도 경제 1위인 도시답게 큰 규모를 자랑하며 높은 빌딩이 즐비하고 영국 식민지 시절에 만들어진 항구에선 유럽 분위기가 물씬 풍긴다. 다른 인도 지역에 비해 물가는 비싼 편이지만 대중교통이 발달하여 여행하기에 편리하다.
현대적 도시임에도 불구하고 도비 가트, 하지 알리의 무덤, 원숭이가 많은 엘리펀트섬, 뭄바이 유일의 해변인 초파티 비치 등 다양한 유적지와 명소에서 인도 특유의 분위기를 느낄 수 있다.
특히 과거 영국 식민지 시절 생활상이 엿보이는 포트 구역과 세계에서 가장 큰 빨래터로 알려진 도비 가트는 언제나 여행자로 붐빈다.
대중교통을 이용한 여행도 좋지만, 걸어서 골목골목 둘러보며 인도의 진풍경을 만나볼 것을 추천한다.

MUMBAI, INDIA

#30

Muscat, Oman

화려한 중동 도시

오만 무스카트

여행 고수에게도 생소한 이곳, 오만의 수도 무스카트는 중동 특유의 매력을 느낄 수 있는 도시다. 한국인보다 유럽 여행자들 사이에게 인기 있는 곳이며 지상낙원으로 불릴 만큼 평화롭다.
높은 빌딩 하나 없는 것이 특징인데, 나라에서 12층 이상의 고층 건물을 짓지 못하게 관리하고 있어 어디서나 탁 트인 풍경을 감상할 수 있다. 사막에 자리 잡고 있는 도시로, 다양한 유적과 현대 문명이 공존하고 있어 볼거리가 풍부하다.

술탄 카부스 대모스크는 미색 외벽과 황금색 돔이 화려하며 무스카트에서 가장 유명한 명소다. 밤이면 조명 덕분에 우아한 분위가 풍기는 로열 오페라 하우스도 매력적인 곳이다.
다만 낮에는 사막 특유의 기후로 인하여 매우 더우므로 해 질 무렵부터 여행하는 것이 좋다.

MUSCAT, OMAN

#31

Nairobi, Kenya

아프리카 여행의 시작

케냐 나이로비

아프리카를 여행하는 사람들 대부분이 케냐의 수도, 나이로비부터 방문한다. 이곳은 아프리카가 주는 편견을 단번에 깨부수는 곳. 평균 기온은 섭씨 17도로, 선선해서 여행하기 좋다.

주변이 온통 초원과 열대 우림일 것 같겠지만 세련된 레스토랑과 카페, 펍 등이 즐비한 대도시다. 드넓은 야생 공원에서 기린이나 사자를 만날 생각이었다면 완전 오산. 도시에 익숙한 한국 여행자에게는 오히려 반가운 곳이다.

나이로비에서 꼭 가야 하는 관광지는 TV 예능 프로그램에도 소개된 코끼리 고아원이다. 정확한 이름은 '쉘드릭 엘리펀트 앤드 라이노 오퍼니지'. 부모 없이 홀로 남은 아기 코끼리를 키우는 곳이다.

기린을 만날 수 있는 기린 센터도 필수 관광지 중 한 곳. 직접 기린에게 먹이를 주는 체험도 가능해서 특별한 추억을 남기기에 좋다.

NAIROBI, KENYA

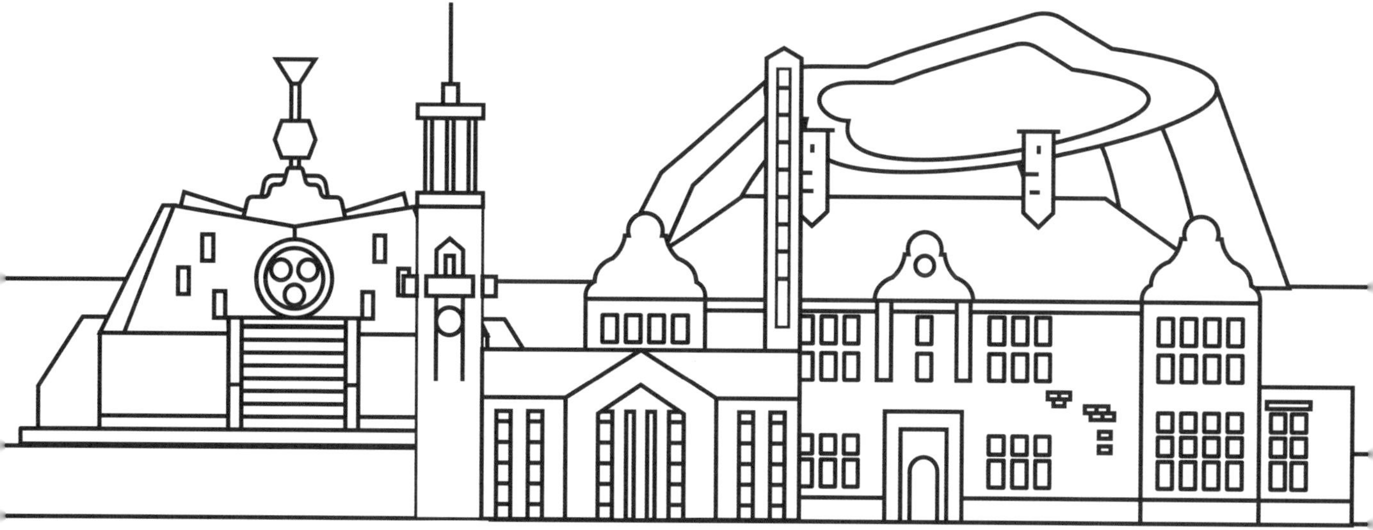

#32

Nice, France

천사의 만

프랑스 니스

남프랑스에 자리한 니스는 '천사의 만'이라 불리는 코트다쥐르 지중해가 아름답게 일렁이는 도시다. 뭉툭한 자갈로 덮인 해변에는 언제나 일광욕과 수영을 즐기는 사람들이 가득하다. 연평균 섭씨 15도로 온화한 날씨는 도시를 방문한 여행자의 마음을 설레게 한다. 마티스 미술관, 샤갈 미술관과 같은 예술 명소도 유명하며, 명품 숍도 늘어서 있어 쇼핑하기에 좋다. '영국인 산책로'라는 뜻의 프롬나드 데장글레 해안 산책로는 밤낮 할 것 없이 느긋하게 산책하는 사람들로 붐비곤 한다.

마세나 광장 중앙 분수를 지나 살레아 벼룩시장으로 들어가면 가죽 가방, 다양한 소품, 꽃과 옷 등을 구경할 수 있다. 니스 역 앞에 있는 구시가지는 길이 미로처럼 복잡하지만 규모가 크지 않아 천천히 둘러보기 좋다. 골목마다 카페, 음식점, 가게가 많아 구경하는 것만으로도 재미있다. 때로는 시내를 산책하고, 때로는 맑고 푸른 바다에서 수영하며 행복한 시간을 보낼 수 있는 도시다.

NICE, FRANCE

#33

Oslo, Norway

청명한 자연 속으로

노르웨이 오슬로

북유럽의 중심이라 해도 과언이 아닌 노르웨이의 수도 오슬로는 맑고 깨끗한 자연이 압권인 도시다. 바이킹의 후예가 사는 나라이니만큼 지상보다 해상 교통이 더 발달했다. 번화한 도시는 크고 웅장하며, 그와 더불어 차가운 바다와 아름다운 자연도 함께 감상할 수 있어 매력적이다. 숲, 빙하의 이미지에 걸맞은 북유럽 도시답다.

오슬로 여행은 도시 최대의 번화가인 칼 요한스 거리에서 시작하면 된다. 다양한 가게들, 노천 카페와 레스토랑이 즐비하여 언제나 많은 사람으로 북적인다. 오슬로 왕궁은 물론 역사와 르네상스의 미를 보여주는 아케르스후스 요새, 노벨 평화상 수상 장소로 유명한 오슬로 시청사까지. 아름다운 건물을 바라보는 것만으로도 눈이 즐겁다. 시립 미술관, 노르웨이 민속박물관, 비겔란드 조각 공원, 뭉크 미술관 등 예술에 관심 많은 여행자라면 들를 곳이 충분하다. 북해의 매력을 듬뿍 담고 있는 오페라 하우스의 전망대도 잊지 말고 올라가보자.

OSLO, NORWAY

#34

Paris, France

낭만과 예술의 도시

프랑스 파리

유럽 여행의 낭만은 파리에서 시작한다. 센강 변을 따라 걷기만 해도 도시의 매력을 느낄 수 있고, 도시 곳곳에서 에펠 탑의 고고한 자태를 볼 수 있다. 파리라는 그 이름만으로도 여행자는 설렘을 가득 느낀다. 세계적으로 유명한 루브르 박물관은 온종일 돌아다녀도 전시품의 반에 반도 보기 힘들다. 루브르 박물관, 퐁피두 센터와 함께 파리의 3대 미술관으로 꼽히는 오르세 미술관의 작품들은 진한 감동을 선사한다.

에펠 탑은 매일 봐도 질리지 않고, 웅장한 개선문, 화려한 샹젤리제 거리, 아기자기한 매력의 몽마르트르 언덕까지 볼거리가 가득하다. 크고 작은 광장과 공원에서 파리지앵처럼 산책을 즐기고, 길거리 빵집에서 바게트와 크루아상으로 점심을 때워보자.

1일 1와인은 필수. 달팽이 요리 에스카르고에 맥주를 곁들이거나 빵에 푸아그라를 발라 먹는 것도 파리를 즐기는 한 방법이다.

아쉽게도 파리는 소매치기와 집시로 악명 높은 도시이므로 주의를 기울이자.

PARIS, FRANCE

#35

Porto, Portugal

아기자기한
매력이 가득한 도시

포르투갈 포르투

리스본에 이어 포르투갈에서 가장 여행하기 좋은 도시로 각광받는 곳. 옛 건물, 파란 타일을 이어 그림을 그린 아줄레주 건물들이 골목을 장식한다. 사랑스러운 포르투의 매력에 푹 빠지는 건 시간 문제. 시내를 가로지르는 도루강과 동 루이스 1세 다리, 영화 〈해리 포터〉의 촬영지인 렐루 서점, 세상에서 가장 아름다운 맥도널드 포르투 지점, 거리를 걷다가 만나는 수많은 상점까지. 어느 것 하나 평범한 풍경이 없다. 특히 도루강까지 이어지는 카이스 다 히베이라 거리엔 노천 바, 와인 가게, 크고 작은 서점 등이 많아 구경하는 재미가 쏠쏠하다. 도시의 역사 문화 지구 전체가 세계문화유산으로 지정된 이유를 저절로 깨닫게 된다. 와이너리를 방문해 당도가 높고 향이 깊은 포르투 와인을 맛봐도 좋고, 포르투의 대표 음식인 프란세지냐로 든든히 저녁을 먹는 것도 추천한다. 입이 심심할 때는 부드럽고 맛이 진한 에그타르트에 커피를 곁들여도 좋다. 한없이 평화롭고 안전한 이 도시에서 쭉 살고 싶은 마음이 들 것이다.

PORTO, PORTUGAL

#36

Rome, Italy

도시 전체가
거대한 박물관

이탈리아 로마

도시 전체가 마치 하나의 거대한 박물관인 듯한 고대 유적의 도시 로마. 전 세계에서 수많은 여행자가 몰려오는 만큼 소매치기와 집시가 들끓고 치안이 나쁜 편이지만 죽기 전에 꼭 한 번은 들러야 할 곳이다.
땅을 파면 계속 유적이 나와서 지하철조차 만들지 못했다는 이곳엔 이탈리아의 상징과도 같은 콜로세움, 늘 인파로 바글바글한 스페인 광장, 동전을 던지면 소원이 이뤄진다는 트레비 분수, 세계에서 가장 작은 나라인 바티칸 등 유명한 관광 명소가 다 모여 있다.

특히 바티칸 시국으로 들어가면 미술 책과 TV에서만 보았던 피에타, 천지창조 등 명작 중의 명작을 만날 수 있다.
볼거리뿐만 아니라 피자, 파스타, 와인, 젤라토 등 맛난 먹거리도 가득하다. 커피가 맛있는 카페 타짜도르에서 에스프레소에 설탕 한 스푼을 넣고 홀짝이면 천국이 눈앞에 그려진다.

ROME, ITALY

#37

San Francisco, USA

살기 좋은 도시

미국 샌프란시스코

1년 내내 기후가 온화한 샌프란시스코는 미국에서도 살기 좋은 도시로 유명하다. 뉴욕 다음으로 많은 사람이 살고 있으며 여행하기에 불편함이 전혀 없는 곳. 특히 해산물 요리, 와인이 맛있기로도 소문이 자자하여 여행자의 식욕까지 자극한다.
해안 부두 피셔맨스워프의 해산물 레스토랑에서 식사하고, 근처에 있는 대형 쇼핑몰 피어39에서 눈요기를 즐겨도 좋다.

세계에서 가장 구불구불한 거리인 롬바드 스트리트를 걸으며 저 아래 펼쳐진 도시 풍경을 감상해보는 건 어떨까.
배를 타고 가야 하는 알카트라즈 교도소, 자살 대교로도 알려진 금문교에 들르는 것은 꼭 잊지 말자. 북미에서 가장 오래된 중국인 거리, 알라모 스퀘어의 빅토리아 양식 주택도 매력적이다. 대도시인 만큼 먹어야 할 것, 봐야 할 것이 풍족하다.

SAN FRANCISCO, USA

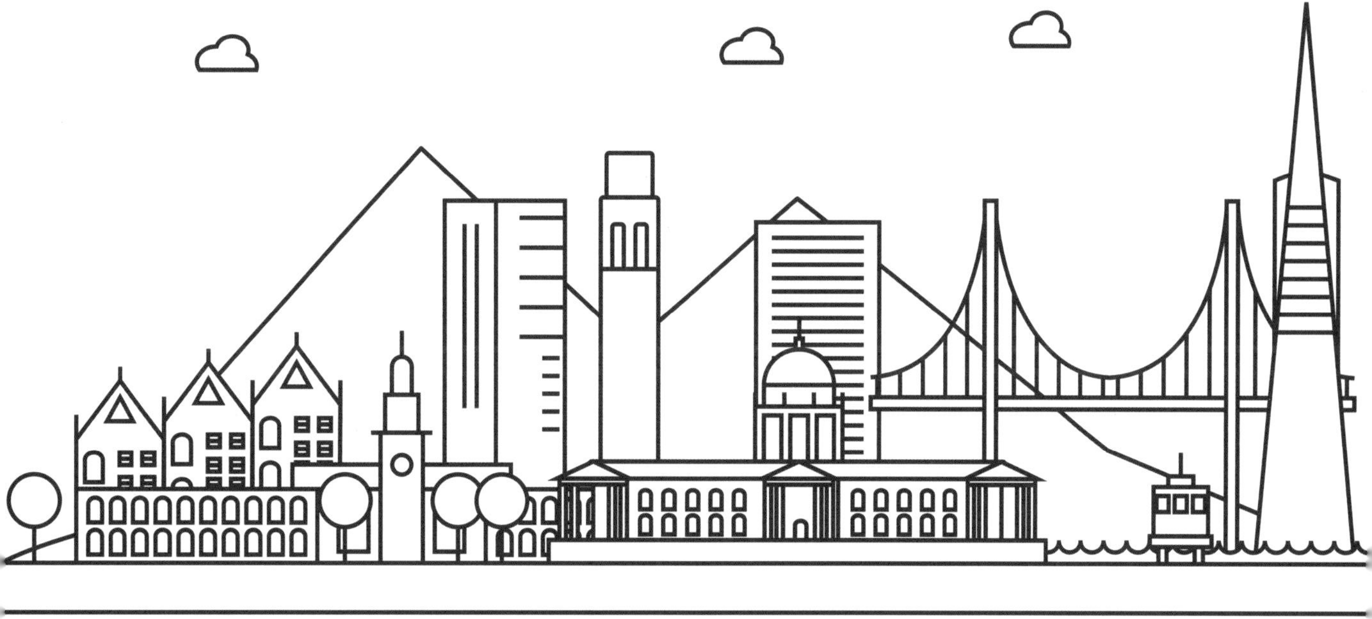

#38

San Jose, Costa Rica

낯선 매력의 남미

코스타리카 산호세

코스타리카의 수도로 해발 1,180미터 고원에 위치한다. 1년 내내 쾌적한 날씨를 자랑하는 도시이며 전통 스페인풍과 근대 미국 느낌이 조화롭게 어우러졌다. 독특한 분위기를 자아내는 건물이 많아서 거리를 걷기만 해도 색다른 기분이 든다.

중심지인 센트로 거리에서 국립 극장과 메트로폴리타나 성당을 둘러보고, 중앙 시장에서 현지인의 일상을 엿보면 어떨까.

이곳에서 가장 큰 산호세 대성당에는 종교 유물이 많아 방문 가치가 충분하다. 코스타리카의 역사를 알고 싶다면 코스타리카 국립 박물관을 살펴보는 것도 좋다. 근처에 있는 코스타리카 국립 공원에서 이국적인 자연 풍경을 감상해보는 것도 추천한다.

커피가 유명한 나라인만큼 신선하고 향이 좋은 커피는 하루 한 잔씩 필수다.

SAN JOSE, COSTA RICA

#39

Santiago De Cali, Colombia

호기심을 자극하는
도시

콜롬비아 칼리

콜롬비아 하면 마약, 마피아라는 부정적인 단어가 떠오르곤 한다. 어떤 도시든 안전에 주의해야 하는 것은 틀림없지만, 콜롬비아 제3의 도시인 칼리는 호기심을 불러일으키는 곳이다.

칼리는 해발 1,000미터에 자리하기 때문에 낮에는 따스하고 밤에는 선선해 여행하기에 최적의 날씨를 자랑한다. 도시 전체가 위험한 듯하지만 현지인은 활기가 넘치고 모든 여행자에게 친절한 편.

또한 매년 겨울에 열리는 살사 축제에 참가하기 위해 전 세계에서 사람들이 몰리기도 한다. 기회가 된다면 살사 춤을 배우며 이 도시의 매력에 푹 빠져보자.

근처에 있는 파라요네스 국립 공원에서 웅장한 자연을 만나거나, 170종의 동물을 보유한 칼리 동물원을 방문하는 것도 추천한다.

SANTIAGO DE CALI, COLOMBIA

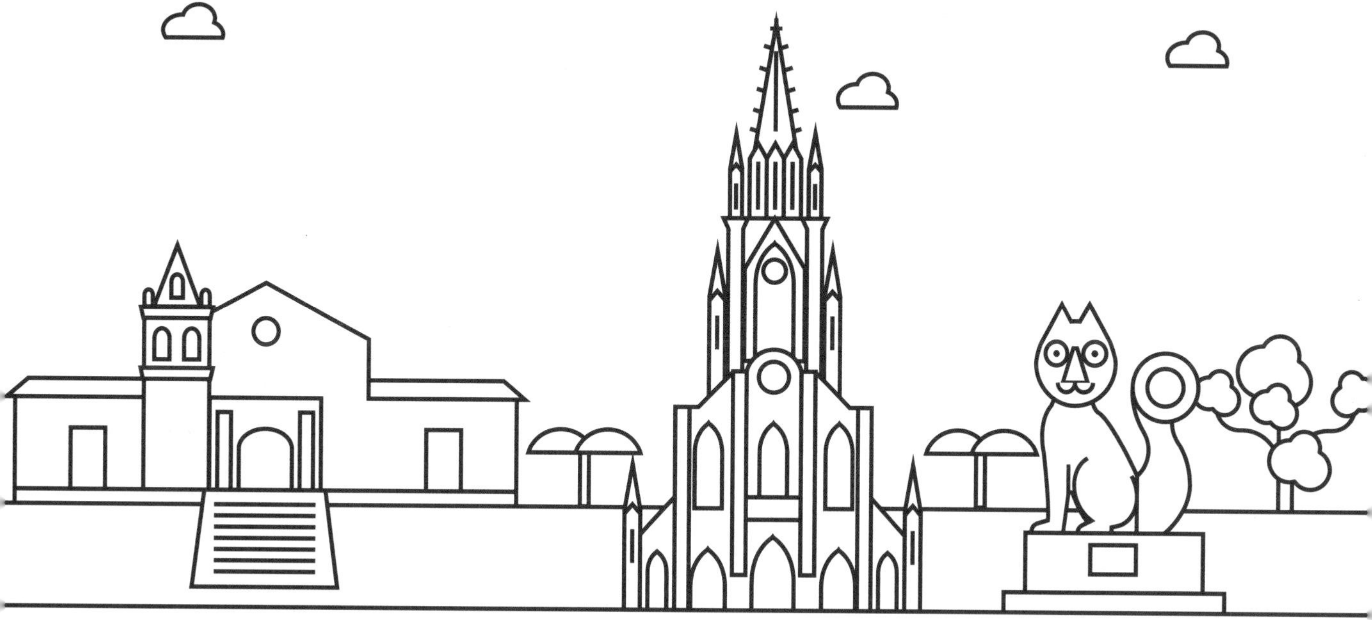

#40

Sao Paulo, Brazil

남미의 활력이
이곳에

브라질 상파울루

상파울루는 연평균 기온이 섭씨 18도를 왔다 갔다 할 정도로 쾌적한 도시다. 연중 날씨가 좋다는 건 여행자에게는 언제나 반가운 소식.

브라질 문화와 경제 중심지인 상파울루는 볼거리가 풍성하다. 도시 중앙에는 세 광장이 있고, 고딕 양식 첨탑이 하늘을 찌를 듯 서 있는 상파울루 대성당, 쇼핑하기 좋은 봉헤치로 거리와 이곳에 사는 사람들의 활기를 느낄 수 있는 상파울루 중앙 시장 등 가야 할 곳이 많다.

특히 박물관 4개가 숨어 있는 거대한 이비라푸에라 공원은 그저 산책하며 즐겨도 좋지만 항공 박물관, 현대 미술관, 근대 미술관, 민속 기예 박물관 모두 둘러보는 것을 추천한다.

또한 건물 벽이나 담벼락을 화려한 그라피티로 꾸민 배트맨 골목은 언제나 사진을 찍으려는 여행자로 북적인다. 안타깝게도 치안이 좋은 편은 아니므로 상파울루에서는 늘 소지품 관리에 주의해야 한다.

SAO PAULO, BRAZIL

#41

Sapporo, Japan

눈의 도시

일본 삿포로

삿포로는 일본의 북쪽, 홋카이도 지방에 있는 큰 도시다. 연평균 기온이 섭씨 8도로 일본 다른 지역에 비해 서늘한 편.

'눈의 도시'라는 별명이 무색하지 않을 만큼 겨울이면 새하얀 눈이 도시에 가득 쌓인다. 세계 3대 겨울 축제인 삿포로 눈축제도 이곳에서 열린다.

여름에는 삿포로 맥주 축제나 보랏빛 물결이 일렁이는 라벤더 밭을 즐겨도 좋다. 삿포로 맥주 박물관에서 갓 만든 신선한 맥주를 마시고, 도심 중앙의 오도리 공원 주변에서 쇼핑을 즐겨보면 어떨까. 여름이 제철인 성게로 만든 덮밥과 옥수수를 맛보는 것도 잊지 말아야 한다.

밤에는 모이와산 로프웨이 케이블카를 타고 정상까지 올라가 화려한 야경을 감상할 수 있다. 어느 계절에 찾더라도 그에 맞는 다채로운 축제와 다양한 볼거리가 넘치는 매력 만점 도시다.

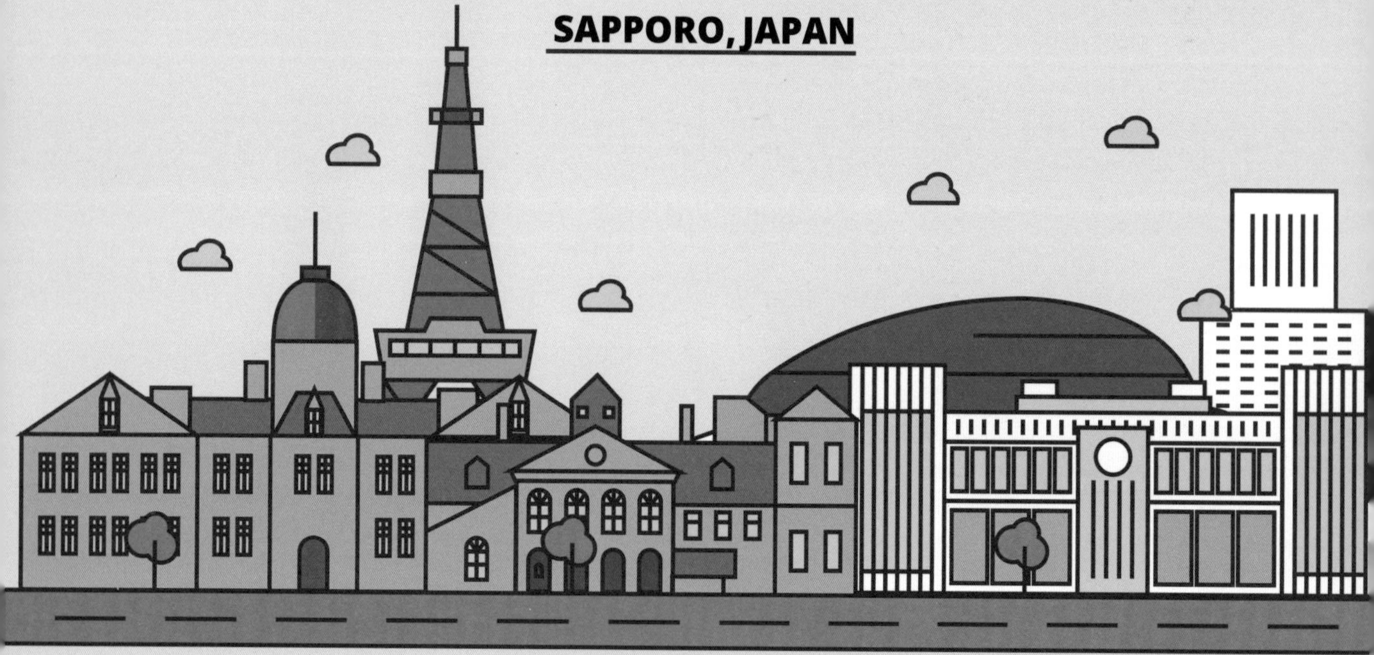
SAPPORO, JAPAN

#42

Sarajevo, Bosnia and Herzegovina

발칸의 이슬람 도시

보스니아헤르체고비나 사라예보

발칸반도 중 가장 큰 이슬람 도시로 알려진 사라예보는 그 이름도 긴 보스니아헤르체고비나의 수도다. 보스니아의 과거와 현재를 모두 만날 수 있는 도시이며 발칸반도 여행의 시작점으로 딱 좋다.

1914년 보스니아의 한 청년이 오스트리아 황태자 부부를 암살하면서 세계대전이 시작된 곳이 바로 이곳. 거리와 건물 곳곳에서는 여전히 탄흔과 같은 전쟁의 흔적을 찾을 수 있다. 20년간의 내전 이후, 이슬람 문화가 도시와 섞이면서 세계적 관광지가 되었다.

황태자 부부가 암살당한 라틴 다리와 이슬람 건축 양식으로 지어진 사라예보 사원, 유럽과 이슬람 문화가 조화를 이루는 바슈카르즈지아 광장, 사라예보 시민들이 사랑하는 세빌리 샘 등 독특한 볼거리가 다양하다. 광장에서 이어지는 좁은 골목으로 들어가면 장인의 수공예품 가게들을 만날 수 있다. 출구가 없는 골목이라서 다시 돌아 나와야 하지만 신기한 물건이 많아 구경하는 재미가 쏠쏠하다.

SARAJEVO, BOSNIA AND HERZEGOVINA

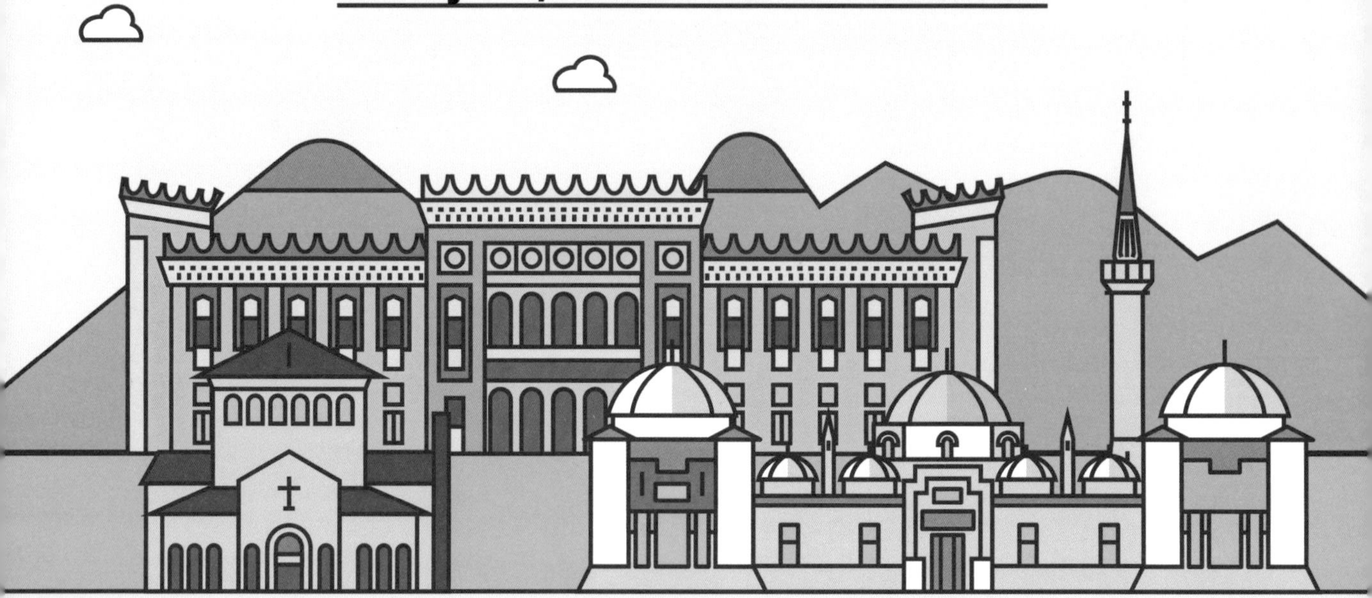

#43

Seville, Spain

안달루시아의 심장

스페인 세비야

스페인 안달루시아 지방에서 인기 있는 관광지이자 정열이 가득한 도시. 거리의 나무엔 오렌지가 주렁주렁 열렸고, 구시가지는 언제나 여행자로 북적인다.
화려한 스페인 광장, 아름다운 알카사르 궁전, 이탈리아의 탐험가 콜럼버스의 묘가 안치된 세비야 대성당까지. 둘러볼 곳이 너무나 많다. 역사적 건물만 둘러봐도 시간이 부족할 지경이다.
도시 전경을 내려다볼 수 있는 히랄다 탑, 미로처럼 복잡하게 얽혀 있는 구시가지 골목길, 붉은 꽃으로 장식한 가정집의 창문, 펍에서 타파스에 맥주를 마시는 사람들도 귀한 볼거리다. 밤에는 절도 있는 동작으로 멋진 춤사위를 선보이는 플라멩코 공연을 절대 놓치지 말자.
세비야는 여름 기온이 섭씨 40도에 육박할 만큼 덥다. 이로 인해 한낮에 휴식 시간인 시에스타를 가지는 카페, 레스토랑이 많으니, 오후 1시부터 4시 사이에는 숙소에서 푹 쉬는 편이 낫다.

SEVILLE, SPAIN

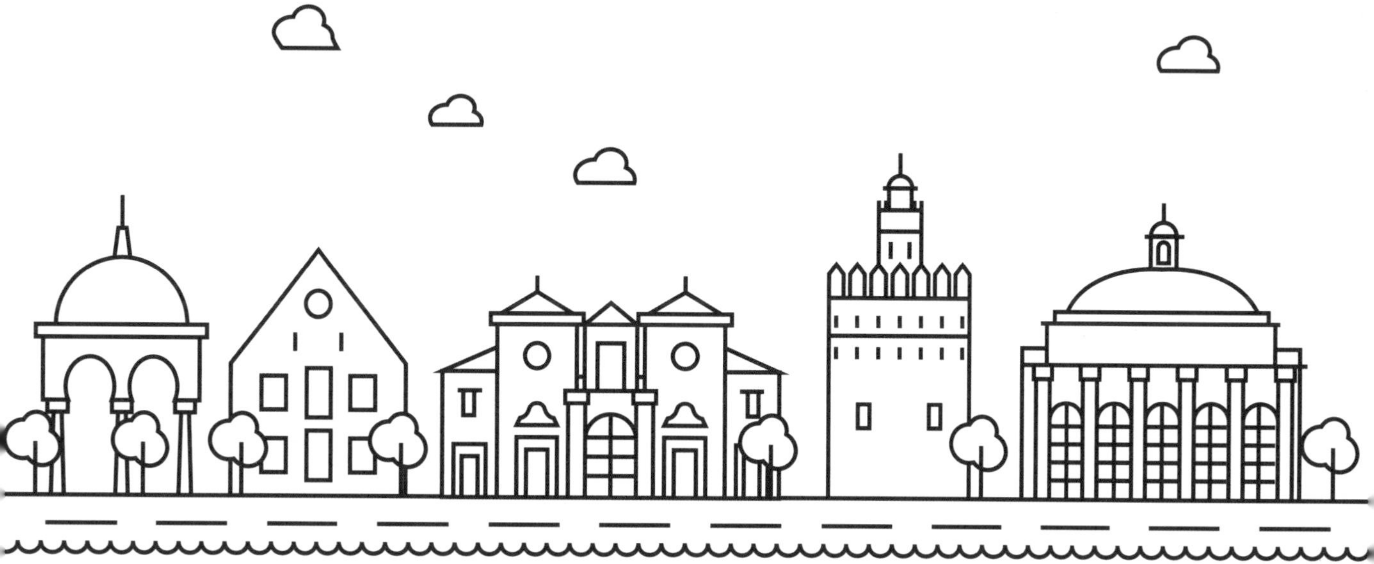

#44

Sofia, Bulgaria

참 예스러운 도시

불가리아 소피아

유럽에서 가장 오래된 도시 중 하나인 불가리아의 수도. 발칸반도 여행이 각광받기 시작하면서 불가리아를 찾는 여행자도 느는 추세다. 공원과 녹지가 많은 이곳은 늘 푸르다. 거리에는 각기 다른 건축 양식으로 지은 건물이 서 있고, 좁은 골목길은 아기자기한 멋이 넘친다.

유럽에서도 특히나 낯선 이 도시는 물가가 저렴해서 여행을 즐기기 좋다. 과거의 번영을 엿볼 수 있는 유적과 유럽 특유의 울퉁불퉁한 포장도로, 이슬람 사원 등 볼거리가 풍부하다.

예전에는 레닌 동상이 서 있었으나 지금은 지혜의 여신 소피아 상으로 바뀐 네델리아 광장, 비잔틴 양식의 아름다운 알렉산드르 넵스키 사원, 붉은 벽돌로 촘촘하게 지어진 성 게오르기 교회 등 모두 둘러보려면 시간이 부족할 정도.

소피아에서 가장 활기찬 비토샤 거리에는 카페와 레스토랑, 상점이 많아 쇼핑과 식도락을 즐기기에 안성맞춤이다.

SOFIA, BULGARIA

#45

Split, Croatia

한없이 낭만적인 곳

크로아티아 스플리트

스플리트라는 지명의 뜻은 '궁전'. 도시를 방문하면 그 유래를 단번에 알 수 있다. 305년 로마 황제 디오클레티아누스가 이곳에 궁전을 건설했기 때문. 해안가 바로 앞에는 옛 궁전 터가 고스란히 남아 있다.

스플리트는 크로아티아에서 수도 자그레브 다음으로 큰 도시다. 여행자 대부분은 해안가에 직선으로 이어진 리바 거리와 열주 광장, 올드타운에 몰려 있다. 리바 거리 노천 테이블은 맥주를 들이키는 이들로 항상 붐빈다.

올드타운은 걷기만 해도 중세로 시간 여행을 떠난 듯 근사하다. 궁전과 성 도미니우스 성당의 벨 타워, 석조로 지어진 지하 통로 등을 둘러보다가 밤이 되면 모두 열주 광장으로 모인다.

직사각형의 자그마한 광장에서는 밤마다 거리 음악가들이 근사한 연주를 하고, 사람들은 함께 춤을 추며 음악을 즐긴다. 스플리트에서 보내는 시간은 낭만 그 자체. 영원히 떠나고 싶지 않을 만큼 아름답고 평화로운 도시다.

SPLIT, CROATIA

#46

Taipei, Taiwan

길거리 음식의 천국

대만 타이베이

젊은 여행자들에게 천국과도 같은 곳. 저렴한 물가, 깨끗한 거리, 다양한 볼거리는 물론 먹어도 먹어도 질리지 않을 만큼 다양한 먹거리가 있어서 즐거운 마음으로 해외여행에 도전할 수 있는 도시다.

특히나 도시 곳곳에서 열리는 야시장이 여행자를 매료시키는데, 그중 스린 야시장이 규모가 가장 크고 언제나 북새통을 이룬다. 여행 기념품을 사도 좋고 마작, 풍선 터트리기 등의 게임을 즐기는 시민을 구경하는 것도 재밌다. 다양한 꼬치, 과일 주스, 디저트, 곱창국수, 취두부 등 길거리 음식을 먹다 보면 시간이 훌쩍 흐른다.

한국의 명동처럼 번화한 시먼딩에서 쇼핑을 즐기고, 공장을 복합 문화 단지로 바꾼 송산문창원구와 화산1914 창의문화원구에서 개성 넘치는 로컬 숍을 구경하자. 용산사에서 연애 운을 비는 것도 잊지 말 것.

약 70만 개의 보물을 소장한 타이완 고궁박물원, 타이베이의 상징인 101타워 전망대도 특별함을 선사할 것이다.

TAIPEI, TAIWAN

#47

Tianjin, China

동서양의 문화가
어우러진 곳

중국 톈진

중국 최대의 항구 도시. 여러 나라의 문물이 오가는 곳이라 동서양의 문화가 조화를 이루는 것이 가장 큰 매력이다.

고대 중국 거리를 재현한 고문화 거리에서는 전통적 분위기를 느낄 수 있다. 옛 건물이 즐비한 것은 물론이고 오래된 골동품 가게도 많다. 눈에 띄는 가게에 들어가 구경하다 보면 시간 가는 줄도 모를 것.

톈진은 야경이 화려하기로도 유명하다. 시내를 한눈에 내려다볼 수 있는 진완 광장의 야경은 단연 최고. 유럽 감성이 물씬 풍기는 이탈리아 풍경구는 들어가는 순간 정말 지중해 바다를 품고 있는 이탈리아 어느 도시에 서 있는 듯하다.

길에 늘어선 노천 카페, 유럽식 건축물도 분위기를 돋운다. 톈진의 명동이라 할 수 있는 빈장따오는 오래된 건물이 많은 번화가로 쇼핑을 즐기기에 좋다. 중국의 다채로운 먹거리를 모두 맛볼 수 있는데 그중에서도 아침 식사 대용으로 먹는 젠빙궈즈와 꽈배기 과자인 마화를 꼭 먹어보자.

TIANJIN, CHINA

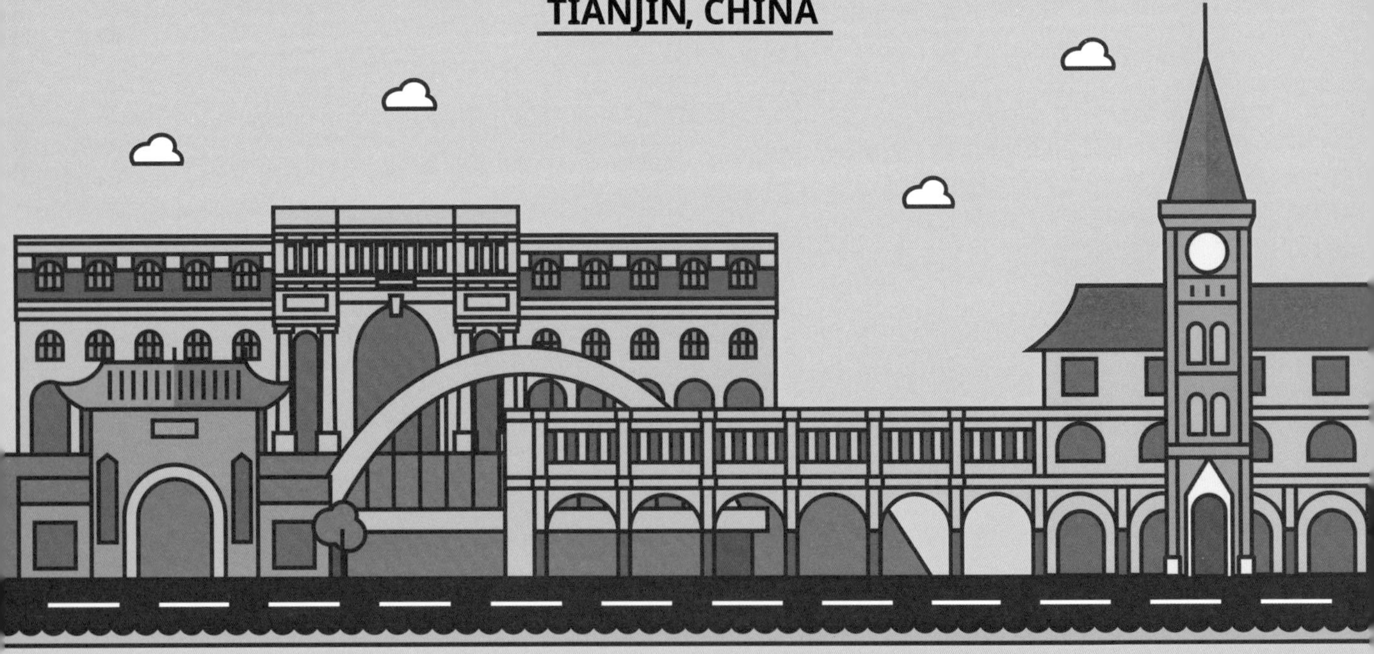

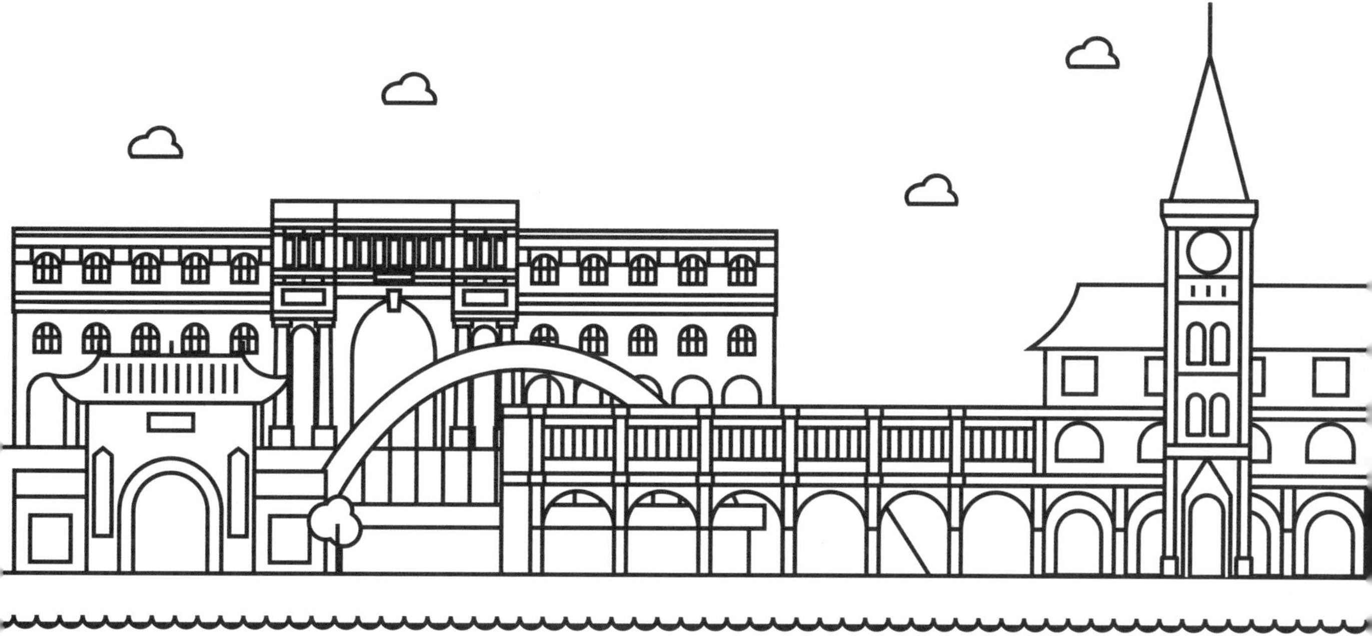

#48

Vancouver, Canada

도시와 자연
두 가지 매력

캐나다 밴쿠버

워킹 홀리데이, 어학연수로 많이 찾는 캐나다 밴쿠버. 너무도 익숙한 지명이라 이곳이 캐나다의 수도인 줄 아는 사람이 많지만, 밴쿠버는 그저 다양한 인종이 모여 사는 대도시일 뿐이다. 그렇다고 여행지로서의 매력이 적다는 뜻이 아니다. 사계절 내내 따듯하고 도시를 둘러싼 웅장한 자연과 깨끗한 호수가 여행자의 기분을 청량하게 만든다.

밴쿠버를 대표하는 개스타운은 대도시 특유의 분위기를 느낄 수 있는 곳으로 앤티크 숍과 카페, 펍이 많아 시간 가는 줄 모르는 곳. 너른 잔디밭을 보유한 스탠리 공원은 도시 한가운데에 있다는 것이 믿기지 않을 정도로 광활하다.

이보다 더한 대자연을 만나고 싶다면 북쪽에 있는 린 캐년 공원을 추천한다. 하늘을 다 가릴 정도로 빽빽한 나무, 보기만 해도 가슴속까지 시원해지는 개울, 바닥이 보이지 않을 정도로 높은 곳에 걸쳐져 있는 린 캐년 서스펜션 브리지까지. 밴쿠버는 도시와 자연, 두 가지 매력을 모두 품었다.

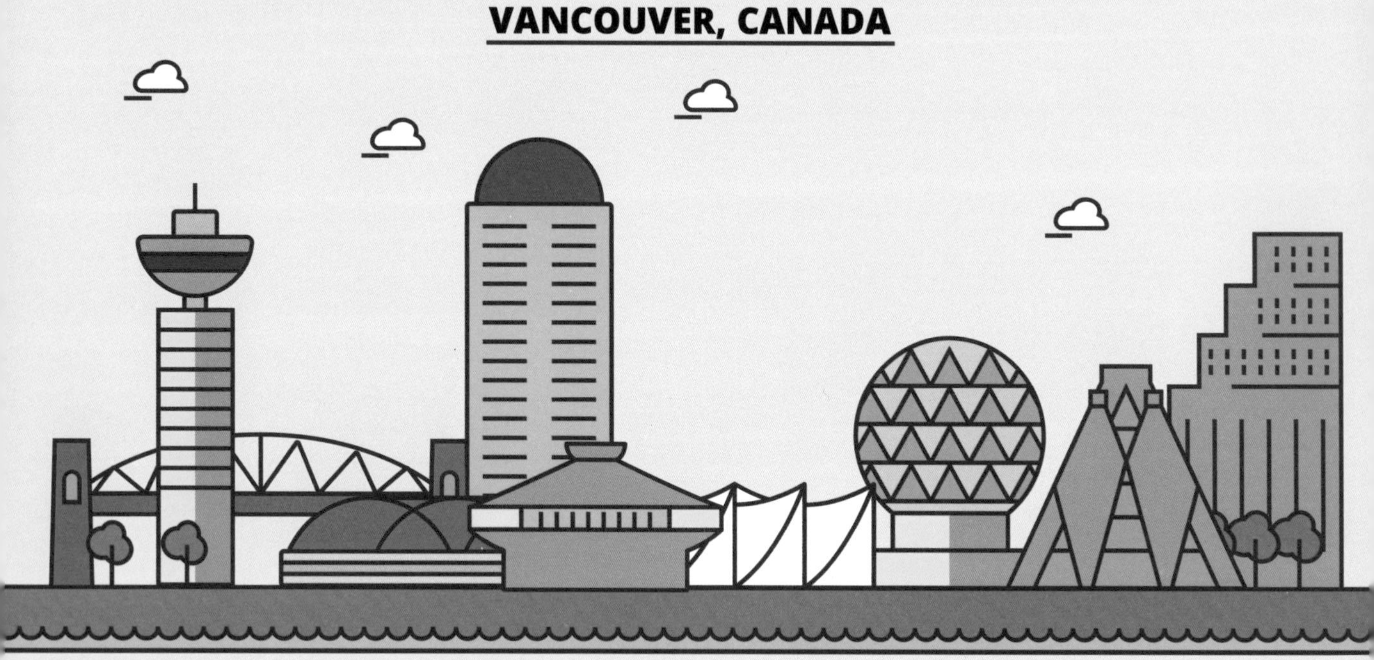
VANCOUVER, CANADA

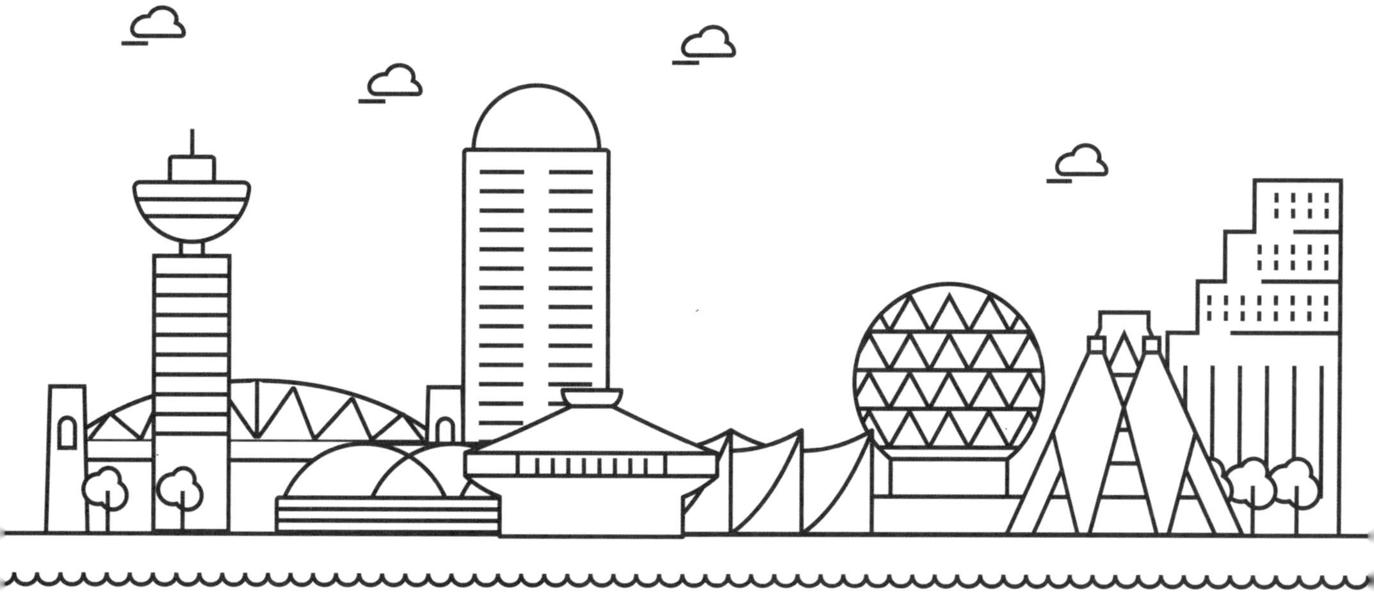

#49

Vladivostok, Russia

시베리아 횡단 열차의
시작과 끝

러시아 블라디보스토크

한국에서 가장 가까운 유럽 도시인 블라디보스토크는 비행기로 두 시간 정도면 도착한다. 시베리아 횡단 열차의 시작역과 종착역으로 알려졌던 이곳을 찾는 한국인이 늘고 있다. 물가가 워낙 저렴하고 한국의 원화 가치가 꽤 높아서, 길거리 기념품 상점에서는 원화로도 물건을 구매할 수 있다.

가장 대표적인 여행지는 독수리 전망대다. 이곳에 서면 도시의 상징인 금각교와 시내 풍경을 한눈에 담을 수 있다.

이외에도 젊음의 거리 아르바트에서 크레이프를 먹거나 기념품을 사고, 해양 공원까지 걸어가 느긋하게 산책을 즐겨도 좋다. 또 전쟁 기념 공원과, 러시아 특유의 건축 양식으로 만들어진 알록달록한 색감의 개선문, 혁명 광장에서 열리는 마켓을 구경하는 재미도 쏠쏠하다.

블라디보스토크에서 꼭 맛봐야 할 메뉴는 킹크랩과 곰새우 요리다. 한국보다 가격이 저렴하니 푸짐하게 먹을 기회를 놓치지 말자.

VLADIVOSTOK, RUSSIA

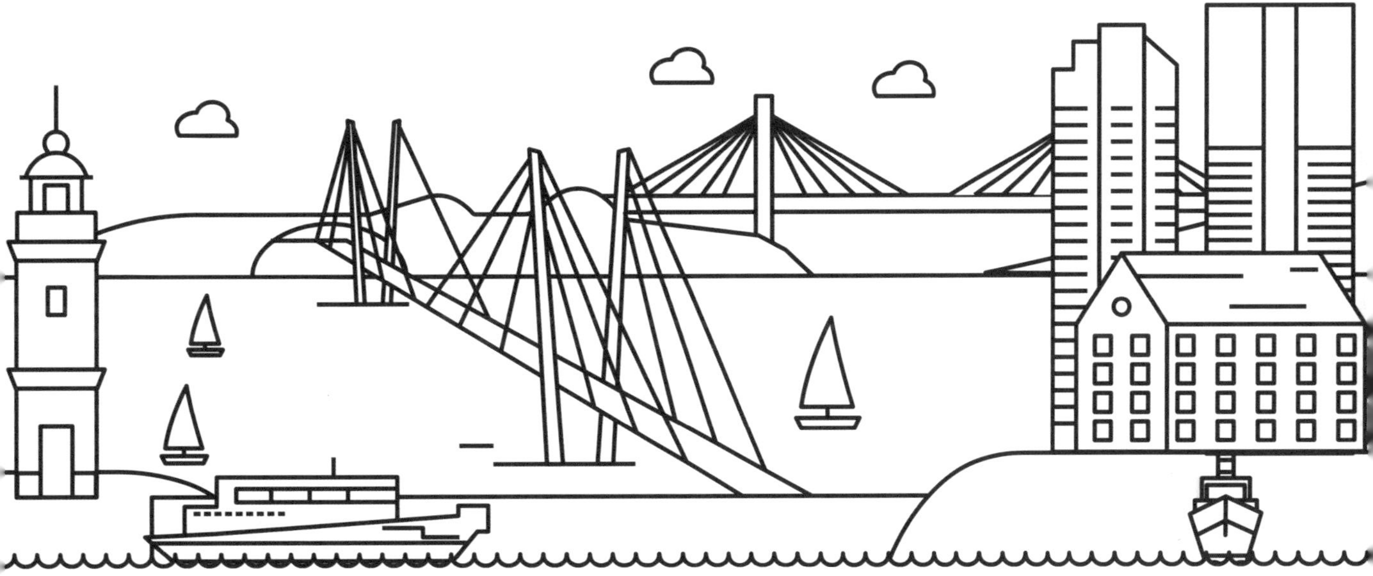

50

Wien, Austria

음악의 도시

오스트리아 빈

오스트리아의 수도 빈은 한국인에게 영어식 지명인 '비엔나'로 더 익숙한 곳. 빈은 슈베르트, 모차르트를 배출한 유럽의 대표적 음악 도시다. 빈 필하모닉 오케스트라, 빈 소년 합창단의 공연으로도 유명하다.

빈 여행은 케른트너 거리에서 시작해보면 어떨까. 오스트리아에서 가장 멋진 고딕 양식 건물 슈테판 대성당과 빈 국립 오페라 극장은 물론, 화려한 명품 브랜드 숍도 함께 둘러볼 수 있기 때문.

또한 빈은 구스타프 클림트의 작품을 만날 수 있는 곳이기도 하다. 벨베데레 궁전에서 클림트의 대표작인 '키스'와 에곤 실레의 풍경화도 감상해보자.

음악과 예술에 취하더라도 잊지 말아야 할 것이 있으니 바로 오스트리아의 유명한 와인. 끼니 때마다 한 잔씩 필수다. 퍽퍽한 스펀지 케이크에 진한 초콜릿을 입힌 디저트 자허 토르테, 설탕을 넣은 커피 위에 부드러운 생크림을 올린 아인 슈페너도 잊지 말고 꼭 맛봐야 한다.

WIEN, AUSTRIA

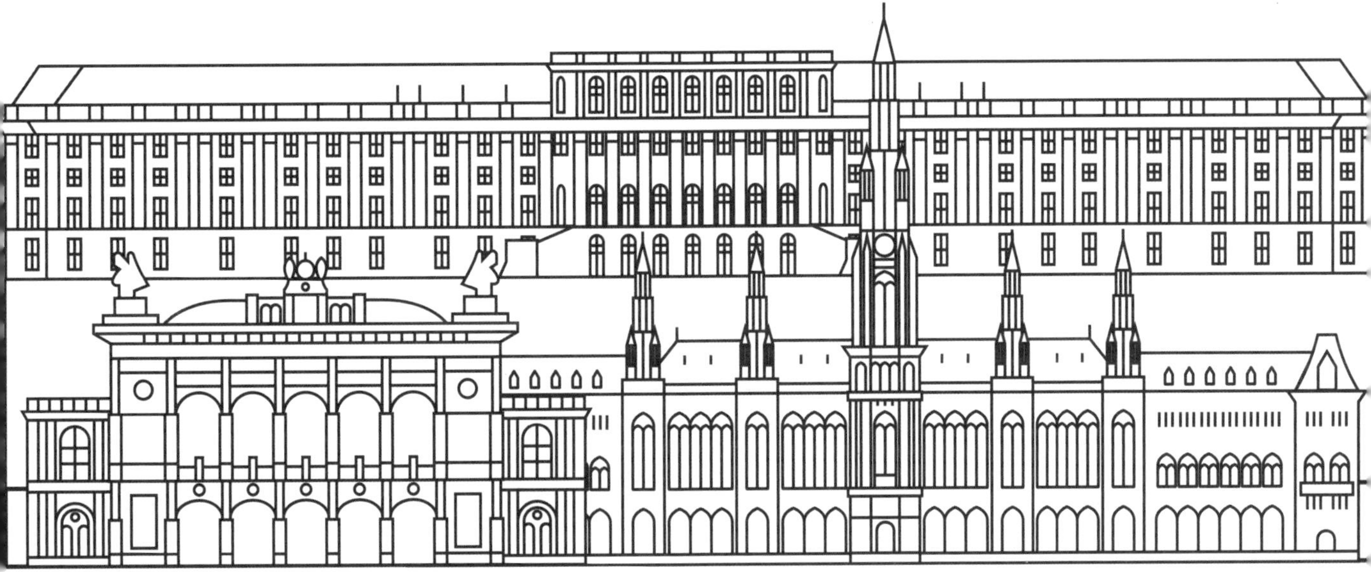

발행일 2020년 6월 1일
지은이 엄지희 | **펴낸이** 김민희, 김준영
편집 김민희, 김준영 | **디자인** 이유진
영업 마케팅 김영란

펴낸곳 두사람 | **등록** 2016년 2월 1일 제2016-000031호
팩스 02-6442-1718 | **메일** twopeople1718@gmail.com
ISBN 979-11-90061-18-6 (14980) / 979-11-90061-17-9 (세트)

Published by TWOPEOPLE, Inc. Printed in Korea

이 도서의 국립중앙도서관 출판예정도서목록(CIP)은 서지정보유통지원시스템 홈페이지(http://seoji.nl.go.kr)와 국가자료공동목록시스템(http://www.nl.go.kr/kolisnet)에서 이용하실 수 있습니다.(CIP제어번호: CIP2020019749)